H. BAUER · KUNST UND UTOPIE

KUNST UND UTOPIE

STUDIEN ÜBER DAS KUNST- UND STAATSDENKEN IN DER RENAISSANCE

Von

HERMANN BAUER

1965

WALTER DE GRUYTER & CO · BERLIN

VORMALS G. J. GÖSCHEN'SCHE VERLAGSHANDLUNG · J. GUTTENTAG, VERLAGS-BUCHHANDLUNG · GEORG REIMER · KARL J. TRÜBNER · VEIT & COMP.

MIT 11 ABBILDUNGEN

Archiv-Nr. 35 44 65 1

Satz und Druck: Otto von Holten, Berlin 30

MEINER FRAU

VORWORT

Das Manuskript dieser Arbeit lag der philosophischen Fakultät der Universität München als Habilitationsschrift vor. Ich freue mich, an dieser Stelle noch einmal den Herren Professoren Ernesto Grassi, Norbert Lieb und Hans Sedlmayr, der die Arbeit betreute, herzlich danken zu dürfen für ihr wohlwollendes Verständnis. Jetzt übergebe ich das Buch der Benevolenz eines größeren Leserkreises. Das Thema zwang mich — von der ersten bis zur letzten Seite — in den philologischen und philosophischen Nachbarfächern der Kunstgeschichte zu dilettieren; gerade die Philologen mögen manches Haar in der Suppe finden. Ich werde mich über Korrekturen und ergänzende Hinweise freuen und danke schon im voraus dafür. Zu Dank verpflichtet bin ich auch Herrn Dr. Müller Bochat, der mich bei der Lektüre der florentiner Platoniker beriet und Prof. L. H. Heydenreich für Rat und Anregungen. Mit meinen Freunden Friedrich Piel und Bernhard Rupprecht habe ich viel über die hier berührten Probleme diskutiert und manche Anregung erhalten. Mein ganz besonderer Dank gilt hier aber Prof. Mohammed Rassem, der mit mir im Sommersemester 1961 eine Seminarübung über Arcadia und Utopia abhielt. Mancher meiner Gedanken stammt von ihm und ich hoffe, sie in seinem Sinne zu Papier gebracht zu haben.

Last not least danke ich dem Verlag de Gruyter mit Herrn Dr. H. Wenzel, der es verständnisvoll ermöglichte, daß das Buch in dieser Form erscheinen konnte.

Seit Fertigstellung meines Manuskriptes hörte ich in München einen Vortrag von Prof. Eschmann, Münster, über »Kunst und Utopie«, der die soziologische Ansicht zusammenfaßte, und las ich einen Aufsatz von Jan Bialostocki, Warschau über »Die Macht des Schönen bei Alberti; eine utopische Idee«. Dieser Aufsatz, den ich nicht mehr verwerten konnte, kommt zu sehr ähnlichen Ergebnissen wie mein entsprechendes Kapitel.

München, im Oktober 1964 H. Bauer

INHALT

... Quod civitates facte sunt ad similitudinem paradisi.
Aus einem Erlaß der Stadt Brescia

I

DIE SÄKULARISIERUNG DES HIMMELSBILDES IN DER ITALIENISCHEN STADT

Durch das ganze hohe Mittelalter gab es in fast allen Ländern, vor allem aber in Italien den Brauch der »Wüstung«. Als Teil des Strafvollzugs wurden die Häuser der Geächteten und Verurteilten geschleift[1]. Neben einer juristisch möglichen Erklärung für diesen Brauch liegt die Begründung desselben auch in einer anderen Schicht. Das Böse wird getilgt und auch die Erinnerung daran und die Ruine aus dieser Tilgung ist ein Monument der Rache und der Sühne.

Gegen und nach 1300 jedoch kam es zu einem Konflikt zwischen diesem Brauch und einem in Italien keimenden Bewußtsein von der Stadt als schönem Gebilde. So wurden schließlich die Wüstungen 1322 in Florenz abgeschafft[2], 1347 in Parma[3], 1363 in Rom[4], und schon 1287 in Brescia[5]. Während aber in den meisten Fällen ästhetische Gründe für das Verbot angeführt wurden (»ne civitas Parmae deformetur ruinis«, »ut Romana civitas non deformetur«), ist die Begründung von Brescia deutlicher. Hier will man keine Wüstungen mehr: »quod civitates facte sunt ad similitudinem paradisi«. Damit ist eine zunächst

---

1 Siehe dazu: N. Zahn, Die Wüstung im mittelalterlichen Recht, Diss. Basel 1956.

2 Statut des Volkskapitans von 1322, Statuti della rep. fior. Ed. R. Caggese, 1910, 55, I, 5. Zahn 133.

3 Monumenta historica ad provincias Parmensae et placentinam pertinantia, Parma 1856, Zahn 135 u. 191.

4 Statuti della città di Roma, Ed. C. Rè, Rom 1880, 141. Zahn 137.

5 Odorici, Storie Bresciane dai primi tempi sino all'età nostra, Brescia 1853–65. Statuti di Brescia, Monumenta historiae patriae XVI, 1584[27], Augustae Taurinorum 1876. Zahn 136.

rein städtebauliche und konservierende Maßnahme begründet als neuartige Interpretation der Schönheit der Stadt als Abbild des Himmels.

Erstaunlich ist dabei die Verbindung von anagogischem Vergleich und schönheitlicher Maßnahme. So erhebt sich in der Feststellung, daß gegen und nach 1300 in Italien das schöne Stadtbild mit dem Himmel gleichgesetzt wurde die Frage nach den Voraussetzungen und Wirkungen dieser neuen hohen Einschätzung der Schönheit in der Stadt.

Daß der Gedanke vom Himmel auf Erden im Mittelalter mehr war als ein chiliastischer Traum, läßt sich unschwer zeigen. Historisches Denken und Staatsdenken des Mittelalters waren von einem tiefen Paradoxon beherrscht: Von der Hoffnung auf die Niederkunft des Himmels im Gericht und in der Erlösung bei gleichzeitigem Glauben an das christliche (römische) Reich als irdische Verheißung des Paradieses[6]. »Wenn die Vorschriften der christlichen Religion über guten und rechtschaffenen Lebenswandel Gehör und Aufmerksamkeit fänden ›bei den Königen auf Erden und allen Völkern, bei den Fürsten und allen Richtern auf Erden, den Jünglingen und Jungfrauen, den Alten mit den Jungen‹, bei Menschen jeden Alters und jeden Geschlechts, dazu auch bei denen, die Johannes der Täufer anspricht, den Zöllnern und Soldaten, dann würde der glückliche Staat ein Schmuckstück sein unter den Ländern dieser Erdenwelt und sich zu den Höhen des ewigen Lebens erheben, um dort selig zu herrschen!«[7] Dieser Satz des Augustinus enthält alle Argumente, deren sich das Mittelalter bedienen konnte, um Wege aus dem (scheinbaren) Paradoxon zu suchen. Denn in ihm ist das Bild von der irdischen Civitas beschlossen, die sich erheben kann hinauf zum himmlischen Jerusalem. Der irdische Staat kann zum Gottesstaat werden. »Doch der eine hörts, der andere verachtets, und die meisten freunden sich mehr mit den Lastern, die so verführerisch zu schmeicheln verstehen, als mit der heilsamen Strenge der Tugend an.«[8] »Civitas Dei war ganz buchstäblich gedacht als ein Stück Himmel auf Erden, nach der Seite des Glücks wie vor allem nach der der Reinlichkeit, die Menschen zwar nicht zu Engeln macht, aber zu Heiligen, also nach der katholischen Lehre zu mehr.«[9] Nun übersehen Erörterungen

---

6 Schon gesehen bei R. von Mohl, Die Geschichte der Staatswissenschaften, I, 1855, 224 f.

7 Augustinus, De civitate Dei, II, 19.

8 Ebenda.

9 E. Bloch, Das Prinzip Hoffnung, 1959, I, 589. Wir identifizieren uns mit diesem Zitat keineswegs mit der allgemeinen Meinung des Autors, dem unter marxistischen Voraus-

der mittelalterlichen Heilsvorstellung gerne, daß diese, als wesentlich bildhaft, an eben das Bild einer Polis, einer Civitas, Città, eines Stadtstaates gebunden ist. Das »Reich« dagegen ist kein solches Bild, sondern Idee. So mußte der »Himmel auf Erden« wieder zu einer relevanten Vorstellung werden, wenn die Stadt, vor allem in Italien, als Bürgerstaat weitgehend autonom wurde. Zu leicht sieht man in der Emanzipation der Städte einseitig eine Emanzipation des Bürgerlichen[10]. Diese, nicht zuletzt in der bürgerlichen Sphäre des Humanismus endend, geschieht aber unter einem sehr idealen Aspekt. Während weder Imperium noch Sacerdotium das Bild des Staates als Stadt kennen[11], und damit ein Kristallisationspunkt für eine umfassende Kunst als Gestalterin des ganzen menschlichen Lebens fehlt, ersteht in der Emanzipation der »bürgerlichen« Stadt die Möglichkeit, ein von einer Gemeinschaft gestaltetes Zentrum, ein Geschlossenes, überschaubar und begreifbar – eben die selbständige, von sich selbst verwaltete Stadt, die jetzt das Paradiesesbild usurpieren kann.

»Civitas nihil aliud est quam hominum multitudo societatis vinculo adunata.«[12] Diese durch Augustinus tradierte Meinung Ciceros findet sich von Rabanus Maurus[13] bis Brunetto Latini[14]. Nach Rabanus bedeutet die Stadt, die Civitas, in einem höheren Bezug Kirche und Gemeinschaft der Heiligen: »Cives vocati, quod in unum coeuntes vivant, ut vita communis et ornatior fiat et tutior.«[15] Daß gerade Schmuck und Ansehen neben der Sicherheit der Stadt hier genannt werden – auch wenn es sich um einen alten und kaum wörtlich zu nehmenden rhetorischen Topos handelt[16] – weist auf die Möglichkeit hin, daß aus der Anschauung von der schönen Stadt sich die eines Bildes vom Himmel auf Erden entwickeln konnte. Wenn das Mittelalter die »Stadt, das himmlische Jerusalem als Metapher, die immer wieder in der Li-

---

setzungen alles menschliche Hoffen geradezu inflationär zu einer Bestätigung seiner These vom Unsinn metaphysischen Denkens wurde.

10 Eine Zusammenfassung der Problematik gibt A. Mirgeler, Geschichte Europas, 1958^3, 153 ff.

11 Siehe auch G. Bandmann, Mittelalterliche Architekur als Bedeutungsträger, 1951, 85.

12 Augustinus, Civitas Dei, XIII. Siehe auch W. Braunfels, Mittelalterliche Stadtbaukunst in der Toskana, 1959^2, 22.

13 Rabanus Maurus, De Universo, XV, Migne P. L. 82, 535.

14 Brunetto Latini, Tesoro, IX, 2, Ed. Caiter 1878–83, IV, 227.

15 Rabanus, op. cit. XVI, 2, 451. Siehe auch Braunfels 22.

16 Cicero, De Oratore, 24, handelt vom »ornatus« als Bestandteil der Rhetorik. In De Orat. 39 ist die Rede vom »Ornatus urbis«.

teratur den Gottesstaat und die Kirche vertritt«[17] kannte, und »Kirche – Stadt – Gottesstaat«[18] bis ins 13. Jahrhundert unter gemeinsamen Anschauungsformen erschienen, so war hier allerdings diese Stadt nur Mittel zur Versinnlichung einer alten Vorstellung[19].

Jetzt, gegen Ende des 13. Jahrhunderts und im 14. Jahrhundert erleben wir eine Umkehrung. Die italienische Stadt bildet sich jetzt unter der Vorstellung von einer quasihimmlischen Vollendetheit aus.

1304 sagte in einer Predigt Fra Giordano da Rivalto: »Queste nome e questi nomi di quagiu, sono ritratti pur da quelle cose di sopra. Città tanto suona come amore, e per amore s'edificano le cittade, perocchè si dilettano le gente di stare insieme.«[20] Die Möglichkeit des Mittelalters, abzubilden nach dem Modus des »simile«, eine Möglichkeit der symbolischen Interpretation aller Formen, und die Möglichkeit einer direkten moralischen Auslegung der ästhetischen Erscheinungen treffen jetzt zusammen. Nur unter dem »simile« konnte auch das historische Jerusalem zum Vorbild der mittelalterlichen Stadt werden. Seit den Kreuzzügen »rekonstruierte« sich in diesen Städten dieses Jerusalem als liturgischer Schauplatz. »In der Liturgie der Bischofskirchen spielen die Prozessionen zu den Mauern eine große Rolle. In Siena begab sich der Bischof und das ganze Volk am Palmsonntag zur Porta Salaria, um dort Christus zu begrüßen, der auf einer Eselin in die Stadt einreitet.« »Wenn Duccio in der Darstellung des Einzuges in Jerusalem auf der Rückseite seiner Maestà sich streng an das byzantinische Vorbild hält und nur das Stadttor von Jerusalem den Sieneser Torbauten ähnlich gestaltet, so wurde er dazu durch den liturgischen Brauch angehalten. In der Stadt Siena wollte man ein anderes Jerusalem erkennen ... Sie wurde der Schauplatz der Szenen aus der Passion Christi. In Lucca, Pistoja, Florenz war es üblich, an den drei Tagen der Rogationes vor Christi Himmelfahrt die Stadt in Prozessionen zu umschreiten.«[21] Genauso wurde beispielsweise schon früher der »Kirchenkomplex von S. Stefano in Bologna mit Jerusalem verglichen, weil die Pilger dort die Abbilder oder Sinnzeichen der gleichen Heiligtümer wie

---

17 Bandmann, op. cit. 85.

18 Ebenda.

19 H. Lichtenberg, Die Architekturdarstellung in der mittelhochdeutschen Dichtung, 1931, 11 ff.

20 Ed. Manni, 1830, Predigt 104. Siehe auch: Braunfels, op. cit. 22 f.

21 Braunfels, op. cit. 85. Die Prozession ist beschrieben im Officium des Sieneser Domes von 1216, MS in der Kommunalbibliothek in Siena, cap. 133, 177.

in der Stadt Davids verehren können.«[22] Die Stadt wurde als Heiltum erlebt[23]. Sie ist in Ansichten und Plänen nie unter modernen kartographischen Gesichtspunkten gesehen, sondern als Ort des Heiles, das durch die Kirchen garantiert ist, die wiederum als Summe ein Bild des Himmels ergeben.

Daß hier vor allem Rom eine lange Tradition hat, ist bekannt. Andere italienische und auch nordische Städte wiederum sahen sich nicht nur als ein zweites Jerusalem, sondern auch als ein zweites Rom, das man zu übertreffen suchte; wobei sich in die Vorstellung vom »simile« ein besonderes Geschichtsbewußtsein mengte[24].

In diesem Zusammenhang dürfen auch die theatralischen Verwandlungen nicht vergessen werden, denen sich die Stadt bei Aufzügen und Spielen unterzog. Da »gleicht der Marktplatz, der als Spielfeld dient, einer geographischen Karte, auf der die Örtlichkeiten aufgezeichnet und durch kleine Bauten oder Versatzstücke angedeutet sind: der Jordan fließt quer über den Platz; daneben erhebt sich ein aufgeschütteter Hügel als Berg Sinai; das Paradies ist ein eingezäuntes Gärtlein, der Tempel Jerusalem, die Weihnachtshütte Bethlehem.«[25] Das mittelalterliche Spiel konnte die Stadt umformen zum Schauplatz eines heiligen Geschehens, zum heiligen Land oder zur heiligen Stadt. Im modellhaften Charakter dieser Verwandlung liegt dabei die Möglichkeit, daß aus dieser Stadt für die Dauer eines Umzuges oder Spieles ein anderer Ort wird. Gerade das Überschaubare, die Erlebbarkeit eines anderen, Höheren in der Stadt, en miniature, das Modellhafte, die Verkleinerung ist hier gleichbedeutend mit der Möglichkeit, in der Stadt ein Transzendentales zu sehen, ein »simile« Jerusalems wie ein Bild des Paradieses.

Verständlich ist diese Möglichkeit, jetzt in der Stadt und durch die Stadt das Paradies, die Himmelsstadt darzustellen, nur vom Kirchengebäude her, das bislang für sich beanspruchen konnte, ein Bild vom Himmel zu vermitteln. Jetzt, im italienischen Trecento, gibt das Kirchengebäude diese Möglichkeit an die ganze Stadt ab.

In der Bindung des durch die Kirchen geprägten Weges, des in der Prozession erlebbaren Stadtbildes lag die Möglichkeit, in diesen Kirchen auch ein

---

22 Braunfels 133.

23 Ebenda 135.

24 Braunfels, op. cit. 131 ff.

25 D. Frey, Kunstwissenschaftliche Grundfragen, 1946, 179. Frey spricht allerdings von einem ziemlich späten Beispiel, Dem Luzerner Osterspiel von 1583. Das gleiche gilt aber schon vom Trecento.

Symbol des Städtischen zu sehen. »Lo specchio di tutti e cittadini« wurde im 15. Jahrhundert der Dom von Siena genannt[26]. In dieser Formulierung dokumentiert sich nicht nur die Vorstellung von der »Ähnlichkeit«, der Similitudo[27], in welcher eine Stadt wie das Paradies, wie das himmlische Jerusalem sein kann, sondern auch eine Kirche wie eine Stadt. Es dokumentiert sich auch eine neue, erstaunliche Tatsache: Das Kirchengebäude selbst ist seit der Wende vom 13. und 14. Jahrhundert in Italien nicht mehr, wie vordem die gotische Kathedrale, ein in sich ruhendes Gebilde, ein eigenes Reich mit allen möglichen Verweisen auf den Himmel, sondern zur Stadt hin gerichtet, kommunales Kunstwerk, eben dieser Stadt verpflichtet und dieser Stadt ihren Sinngehalt vermittelnd. W. Gross hat diesen neuen Typ der kirchlichen Architektur in hervorragenden Analysen vorgestellt[28]. Diese Analysen können hier im einzelnen nicht wiederholt werden, noch sind sie im wesentlichen Ergebnis zu übertreffen. Ihr Fazit ist, daß diese Sakralbaukunst gegen das Jahr 1300 wesentlich diesseitig wurde. Mit diesem Wort diesseitig ist sehr konkret eine neue säkulare Verhaltensweise der Architektur bezeichnet. »Denn indem die Architektur das einst jenseitig Gemeinte einer architekto-

---

26 Borghese e Bianchi, Nuovi Documenti per la Storia dell'Arte Toscana del XII al XV sec., 1901, 116, Nr. 94.

27 Similitudo ist ein immer wiederkehrender Terminus der mittelalterlichen Architekturbeschreibung und Interpretation. »ad similitudinem s. Jerosolimitane ecclesie« schreibt der Chronist in Paderborn (E. Lehmann–Brockhaus, Schriftquellen zur Kunstgeschichte des 11. und 12. Jahrhunderts, 1938, nr. 1046–50). Grundlegend ist die Arbeit von R. Krautheimer, Iconography of Medieval Architecture, Journal of the Warburg and Courtauld Institutes, V, 1940, 17 ff. Krautheimer behandelt das Problem der mittelalterlichen Abbildung durch Architektur oder »Kopie« vor allem am Beispiel der oft wiederholten Anastasis in Jerusalem. Es wird gezeigt, wie »Jerusalem« als Verkörperung der heiligen Stadt durch Abbreviaturen, ein typisch mittelalterliches Darstellungsprinzip, abgebildet werden konnte (S. 19).
Was den »simile«-Begriff in der Kopie von Rom betrifft, so sind die Quellen hier überaus gesprächig. Die berühmte Stelle Dantes, daß Florenz die schönste und berühmteste Tochter Roms sei (Convivio I, 3, 2) oder daß es erbaut sei »ad ymaginem suam atque similitudinem« (Ep. VII, 7) ist typisch für ähnliche Aussagen, Braunfels verweist in diesem Zusammenhang auf das Problem des tertium comparationis. Für uns ist diese Gleichsetzung wichtig, weil sie quellenmäßig besser belegt ist als die Gleichsetzung mit Jerusalem.
Die Interpretation hat jeweils gleich zu verfahren: Immer beachtend, daß es im Mittelalter keine Kopien im modernen Sinne gibt, sondern auf »innerliche« Wesensmomente gegründete Wiederholungen.
Nur unter solchen Voraussetzungen kann auch eine ganze Stadt mit einer Kirche und diese Kirche wiederum Jerusalem gleichgesetzt werden.

28 W. Gross, Die abendländische Architektur um 1300, 1947.

nischen Ordnung abbildet, nicht mehr selbst darstellt, offenbart sie sich selbst als diesseitig.«[29] Was Gross unter »Abbildung« oder »Bildhaftigkeit« in der Architektur versteht, geht aus seiner Analyse von St. Croce in Florenz hervor: »Die Architektur von Sa. Croce, das sagt uns schon der Blick auf die dortige Chorwand, ist ein komponiertes Ganzes und folglich ein dem Bilde verwandtes Kunstprodukt. Damit aber sind wir auf eine Eigentümlichkeit des Raumes von Sa. Croce gestoßen, die vielleicht dessen Wesentlichstes und Modernstes ausmacht, auf seine Bildgeschlossenheit. Beim Betreten des Sa.-Croce-Innern haben wir den Eindruck eines gegliederten Schauplatzes. Unabhängig von all seinen Formen im einzelnen fühlen wir uns in einem *vor* allem Einzelnen Gegenwärtiges, ein den ganzen Rauminhalt Umfassendes aufgenommen. Es ist das Gefühl, das uns sofort ergreift, wenn wir einen Raum der Neuzeit, sei es eine Kuppelhalle der Renaissance, das Kabinett eines Barockschlosses oder den weiten Plan eines französischen Gartens betreten, was wir aber nie bei den Räumen der Gegenwart oder des Mittelalters genießen – das Gefühl, als berührten wir eine ideal geschlossene Sphäre, einen Bereich, in dem alles, was in ihm erscheint oder geschieht, von dieser Sphäre mitgetragen und mitgeformt wird... damit entsteht ein Eindruck, der das völlige Gegenteil des grundsätzlich Imstreitbefindlichen hervorruft, das wir im Mittelalter erleben ... Alles, was wir bisher von dem Sa.-Croce-Architekten getan sahen, ist wohl letztlich von diesem einzigen Bestreben bestimmt gewesen, das Viele der Welt in eine ideale ruhende Einheit einzufangen. Denn vom Bildgeschlossenen her bekommen alle Veränderungen, die wir in Sa. Croce gegenüber einer früheren Architektur beobachteten, ihren letzten Sinn: das primäre Vorgestelltsein des Raumganzen statt seines mit Gliedern Zusammengefaßtseins, seine Lichtigkeit statt der früheren Schwere, seine Ruhe statt der früheren Bewegtheit, seine Gegenwart statt der früheren Verborgenheit, seine Bildfülle statt der früheren skeletthaften Abstraktheit... und aus dem Bildgeschlossenen läßt sich auch das übrige ableiten, was in Sa. Croce noch festzustellen ist. So vor allem sein Erfülltsein mit dem gemalten Bilde selbst. Diese Bilder spielen in der Tat eine ganz andere Rolle im Raume als zuvor, nun, da sie seit Giotto selbst nicht mehr formelhaft abgekürzte Welt, sondern volle Weltabbildung geworden sind. Bringt aber das Bild abbildend das ganze Diesseits in den Raum, so darf es uns nicht wun-

[29] Ebenda 215.

dern, wenn auch der Raum diesseitig und abbildend wirkt. Seine unmittelbar abbildende Kraft lernen wir zwar auf den ersten Blick weniger in Sa. Croce als in den gleichzeitig geplanten Kuppelgewölben des Domes (von Florenz) und im großen Saale des Bargello kennen, wo wir auf die ersten Abbilder des Himmelsraumes treffen.«[30]

Die Begriffsbildung von Gross ist, was in den aus dem Zusammenhang gerissenen Zitaten nicht deutlich wird, Ergebnis detaillierter Analysen. Das berechtigt uns, »Bildhaftigkeit« und »Diesseitigkeit« als deduktiv gewonnen zu verwenden. Näherliegend wäre die Verwendung des Begriffes »Säkularisierung«. Diese verlangt aber ein Überschreiten der formalen Analyse und eine Begründung auf allgemeiner historischer Basis.

Was bedeutet, historisch gesehen, die Hinwendung der Architektur an die Welt, besser: an die Stadt?

Wir beginnen am besten noch einmal von vorne. Wir wissen, daß mit Giotto die Bauaufgabe der Kirche, des Domes zu einem unabtrennbaren Bestandteil der Stadtbaukunst wurde, so, wie umgekehrt, der Dombau als Mittelpunkt der kommunalen Bauaufgaben angesehen wurde. So sind in der Bestallungsurkunde Giottos der Dombau, die Stadtmauern, Befestigungen und die Aufsicht über die kommunalen Unternehmungen (Straßen, Brunnen, Brücken etc.) als dessen Arbeitsbereich genannt.[31] Über Arnolfo di Cambio geht hier eine Tradition der neuen Aufgaben bis Brunellesco. »Dombaumeister sind Stadtbaumeister.«[32] »Vom Dom her gewinnen die Städte ihr Maß, ihre Form, ihren Sinn.« »Waren die ›heiligen‹ Städte der Frühzeit, diese Kompositionen aus Kirchen und Gnadenstätten, abstrakte Gebilde, die nur für eine auf das Jenseits gerichtete Vorstellung sich zur Einheit zusammenschlossen, so ist die Ordnung in der gotischen sinn- und augenfällig. Straßen, Plätze, Häuser und Paläste sind sichtbar geworden. Das irdische Element ist zu seinem Recht gekommen. Es entsteht ein Gebilde, in dem Diesseits und Jenseits in eine gute Harmonie gebracht sind: Die gotische Stadt.«[33]

Zum erstenmal seit der Antike gibt es jetzt eine »schöne« Stadt als bewußte Gestaltung. Das in diesem Zusammenhang gebrauchte Wort »gotisch« bezeichnet hier aber nicht den Bereich der hochmittelalterlichen Kathedrale,

---

30 Gross, op. cit. 213 f.

31 Die Berufung Giottos liegt im Staatsarchiv von Florenz, Provv. XXVI, 84. Siehe auch Braunfels, op. cit. 162.

32 Braunfels, op. cit. 245.

33 ebenda.

sondern das italienische ausgehende Mittelalter. »Schönheit« ist hier zu verstehen als eine himmlische Qualität. Aber sie ist auch jetzt zum tertium comparationis geworden, in der die Stadt sich dem Paradies und dem Himmel vergleichen kann. Aus dieser Säkularisierung und Ästhetisierung des Similitudo-Gedankens sollte bald die Renaissance erwachsen. Bei Fra Giordano da Rivalto sind gerade Straßen ein Sinnbild der moralischen Vollkommenheit: »E dalla via torta alla diritta si pongono i savi quattro differenzie: prima, imperocché dicono che la via diritta della torta differt in brevitate; la seconda, quod differt in conformitate; postea dicunt, quod differt in unitate ... Tutte queste quattro differenzie sono scritte nel grande libro della scienza della geometria, in quella bella e sutile arte del misurare.«[34]

Der Begriff der »strada pulcra, ampla et recta« geht bald darauf ins Notarslatein ein[35]. Staatlich geregelte Schönheitspflege der Stadt wird zu einer festen Einrichtung. Dic »Officiali dell'ornato«, Vorläufer unserer »Lokalbaukommission«, setzen jetzt die Normen, die von der Pflasterung über Fassadengestaltung bis zur Stadteinteilung reichen[36].

Die Vorstellung von der Regulierbarkeit des Schönen als kommunale Angelegenheit bezeichnet den Beginn einer neuen Zeit. Ganz verständlich aber ist sie nur als eine Überführung anagogischer und moralischer Vorstellungen vom symbolischen Sinn der Schönheit als Perfektion in die Vorstellung vom reinen Wert des Schönen an sich. So darf der Satz aus dem Statut von Brescia, in dem die Stadt gleichgesetzt wird mit dem Paradies zwar als noch mittelalterlich im Sinne des anagogischen Vergleiches verstanden werden, andererseits muß man ihn auch schon so lesen: Die Stadt ist schön wie das Paradies.

Obwohl die dritte Mauer von Florenz 15 Tore hatte, sprachen einige Stadtbeschreibungen von 12 solchen Toren[37]. Daß damit ein Vergleich zur Himmelsstadt aus der Apokalypse hergestellt werden sollte, ist eindeutig. Eine Einteilung von Städten in 12 Bezirke war gewöhnlich[38]. Es wurde dadurch

---

[34] Op. cit. Predigt Nr. 5.

[35] Braunfels 104.

[36] Dokumente dazu im Anhang bei Braunfels, op. cit. Siehe auch: P. Moschella, Le case a sporti in Firenze, Palladio VI, 1942, 107 ff.

[37] So beispielsweise in der Stadtbeschreibung von 1339: »Portas habens duodecim magnifice forme«. Siehe: C. Frey, Loggia dei Lanzi, 1885, 119.

[38] Braunfels, Anm. 106 zitiert das Beispiel von Imola: »Ordinamus quod capelle civitatis Imole debeant esse duodecim, scilicet in quolibet quarterio tres, et quelibet capella habeat caput ad stratam Maiorem et protendent usque ad stecatum comunis« (Statut von 1334).

eine Analogie zu den zwölf Fundamenten der Stadt, die ihrerseits auf die Zwölfzahl der Apostel verweisen sollte, hergestellt. Die Civitas wird so durch ihre Mauern charakterisiert, aber in diesen Mauern wird sie gleichgesetzt mit der heiligen Stadt. Gerade von hier aus bahnte sich aber auch eine ästhetische Säkularisierung an. »Wie die Himmelsstadt oder das ewige Jerusalem, das in den großen Radleuchtern als Kreis dargestellt wird, so sollte auch jede irdische Stadt eine vollkommene Form besitzen.«[39] Braunfels führt eine große Zahl von idealisierten Stadtansichten an, die entweder Kreisform zeigen oder auf dem symmetrischen Vieleck basieren[40]. Wie ganz allgemein in der Kunstgeschichte immer wieder in der Tradition der eigentliche inhaltliche Anlaß des Kunstwerks in Vergessenheit geraten kann bei gleichzeitiger Bewahrung des Motivs, so konnte auch der Gegenstand der in den heiligen Zahlen vollendeten Form der Stadt, die urbs beata, in Vergessenheit geraten vor dem schönen Bild der irdischen Stadt.

Während die mittelalterliche Symbolik in der Kirche und in der Stadt ein simile der Himmelsstadt erstellen konnte, konnte jetzt, im 14. Jahrhundert in Italien, sich das tertium comparationis im Vergleich zwischen Stadt und Himmelsstadt verselbständigen, konnte die Vollendetheit in den Zahlen und Verhältnissen an sich, ohne den bislang transzendentalen Hintergrund, zum Selbstzweck werden.

Fragen wir nach den historischen Voraussetzungen, unter denen aus der italienischen Stadt bei zunächst idealem Ansatz ein in der Baukunst paradiesisch empfundenes Gebilde werden konnte, werden wir auf eine kunstsoziologische Tatsache verwiesen. Wo die Schönheit zum obersten Prinzip geworden ist, hat die Stunde der großen und genialen Baumeister geschlagen. »So sehen wir jetzt das Schicksal der Architektur nicht den überpersönlich wirkenden Kräften anvertraut, sondern in den gestaltenden, sich selbst spiegelnden Willen des einzelnen gelegt. Eine gefährliche und den Schöpfer selbst gefährdende, aber auch das Großartige versprechende Wendung im baulichen Schaffen ist eingetreten. Das Zeitalter der großen Künstler hat begonnen, das Mittelalter, die Epoche der Anonymen ist zu Ende gegangen.«[41] Die schon erwähnte Erweiterung des Aufgabenbereiches der Dombaumeister macht deutlich, daß wir die neue, paradiesische und schöne Stadt des italienischen Trecen-

---

39 Braunfels, op. cit. 48.
40 Ebenda 49 f.
41 Gross, op. cit. 238.

to nicht verstehen, wenn wir nicht den Anlaß dieser Veränderung im sakralen Bereich suchen, im Kirchenbau. Dieser Kirchenbau aber ist jetzt der große Schauplatz kommunaler Anstrengungen und Bauleidenschaft, nicht zuletzt, weil diese Kirchen Spiegel der Civitas sind[42]. Diese Spiegelung des Städtischen im Sakralen wurde durch eine neue Kunstauffassung ermöglicht.

Während einerseits in der sehr fortschrittlichen Mendikantenarchitektur der Toscana (Sta. Croce in Florenz) das gotische Kathedralsystem reduziert wurde, und zwar so weit, daß man fast von einem antigotischen System sprechen könnte[43], so waren andererseits diese Bauten genauso wie der des Domes von Florenz, ein kommunales Ereignis. Dieser florentiner Dom konnte ohne weiteres mit den größten französischen Kathedralen wetteifern und übertraf sie auch (im Kuppelbau). Aber er blieb Bestandteil des schönen Stadtbildes von Florenz, während französische Kathedralen als gigantische Wunderwerke über den Häusern aufragen als monumentale Rigorosität. »Die Bedeutung, die ein Werk für den Charakter und die bauliche Gestaltung der ganzen Stadt (in Italien dagegen) erlangen konnte, wird an den Domen von Siena und Florenz noch augenfälliger. Diese beiden Dome sind das große Gemeinschaftswerk der beiden toskanischen Hauptstädte während ihrer Blütezeit im 13. und 14. Jahrhundert. Wir wissen aus vielfachen Nachrichten, daß sie von den Chronisten als Meisterwerke verstanden wurden, an deren Gestaltung die besten Künstler und Zünfte mitgewirkt haben. Del Migliore hat uns – wenn auch wohl verstümmelt – eine inzwischen verschollene Urkunde aus der Zeit der Grundsteinlegung des Florentiner Domes überliefert. ›In öffentlichen und in privaten Versammlungen wurde gesagt und betont, daß man Bauten der Kommune nur dann beginnen solle, wenn die Absicht besteht, sie nach einem Gedanken zu machen, der sehr groß ist, weil er von dem Geist vieler Bürger belebt wird, die sich in einem Wollen verbunden haben‹.«[44] Dieses Wollen im großen Gedanken aber war verschieden von dem ekstatischen Kult, in dem sich vordem in Frankreich das Volk vor die Karren des Kathedralbaues spannte. Denn jetzt verweisen die sakralen Bauten in der Toskana direkt auf die Civitas, die Stadt. Das Kunstwerk der Kir-

---

[42] Siehe Anm. 26.

[43] Dies jetzt im Vergleich mit der französischen Kathedrale.

[44] Braunfels, op. cit. 145 f. Die hier angezogene Stelle ist aus F. L. del Migliore, Firenze, Città Nobilissima, 1684, 6, und stammt aus einem Dokument von 1294.

che ist gegen die Stadt hingewandt und nicht mehr wie die Kathedrale ein geradezu überirdisches Gebilde über der Stadt.

Dies zeigt sich auch darin, daß diese Kirchenarchitektur vom Beschauer abhängig geworden ist. So formulierte es W. Paatz; und diese, in der Kunstgeschichte sonst oft leichtsinnig gebrauchte Formulierung hat hier ihre volle Berechtigung[45].

Zu den Neuerungen der beiden großen Architekten Arnolfo di Cambio und Giovanni Pisano gehörte u. a. eine besondere Ausbildung der Kirchenchöre, des Domes von Florenz, von Sta. Croce und des Domes von Prato. Im letzteren beispielsweise hatte Giovanni Pisano die Fenster der frontalen, kastenartig gereihten Chorkapellen aus der Achse verschoben, damit sie dem im Langhaus heranschreitenden Besucher perspektivisch richtig erscheinen. Das ist nur eines von zunächst äußerlich anmutenden Indizien für eine Subjektivierung der Architektur. Entscheidend ist die durch solche Mittel erreichte allgemeine Bildhaftigkeit der Architektur, die jetzt einen Betrachter voraussetzt und weniger einen Gläubigen, der, wie in der Kathedrale »gleichsam schon leiblich in den Himmel versetzt, mit den Engeln am himmlischen Kult teilnimmt«[46]. »Die mittelalterliche Architektur war ja ein System des sichtbaren, sich dinglich aufdrängenden Stützenwerkes. In S. Croce war es abgeworfen worden, dabei hatte sich auch das einst durch jenes Gefestigte gelockert. Das Gelockerte neu zu festigen, dafür hatte der Sa.-Croce-Architekt eine Ordnungskraft geistiger Art entwickelt, die alle Glieder des Raumes, auch die fremde Gattung der Malerei, neu umfassen konnte. Und diese Ordnungskraft nennen wir in der Malerei seit Giotto die Komposition. Die Architektur von S. Croce, das sagt uns schon der erste Blick auf die dortige Chorwand, ist ein komponiertes Ganzes und folglich ein dem *Bilde* verwandtes Kunstprodukt.«[47] Wie das Bild aber mit Giotto aus seiner hieratischen Stellung befreit wurde und zu einer Vermittlung geworden war, so kam die Architektur jetzt dem Menschen entgegen, als Bild und als Bildträger. Sie interpretiert sich selbst in dieser Bildhaftigkeit dem Beschauer. Das ist ein Gewinn wie ein Verlust.

Die Versuche um eine Perspektive schon bei Giotto sind bekannt. In der

---

45 W. Paatz, Italien und die künstlerischen Bewegungen der Gotik und Renaissance. Röm. Jahrb. f. Kunstgesch. V. 1941. 196.

46 H. Sedlmayr, Die Entstehung der Kathedrale, 1950, 135.

47 Gross, op. cit. 213.

Arenakapelle von Padua sind Komposition wie Bildrahmung unmerklich fast und auch noch nicht ganz konsequent auf einen Mittelpunkt im Raum bezogen. »Für die Malerei und mit den Mitteln der Malerei leistet Giotto durch diese ›humanistische‹ Relativierung der Bilderscheinungen dasselbe, was Niccolo Pisano ... für die Skulptur mit deren besonderen Mitteln bereits vor ihm geleistet hatte. Zugleich stellte er sich damit gleichstrebend neben Arnolfo di Cambio und Giovanni Pisano; in S. Croce in Florenz, im Florentiner Dom und im Domchor von Prato hatten diese beiden großen Baumeister für die Baukunst etwas ganz Entsprechendes geleistet, indem sie eine Steigerung der architektonischen Wirkungen beim Vollzug des Wegs vom Kircheneingang gegen den Chor hin eingeführt und dadurch die Komposition des Baugedankens vom beschauenden Menschen abhängig gemacht hatten.«[48]

In den Gewölbezwickeln der Spanischen Kapelle in Florenz malte Andrea Bonaiuti Szenen aus der Heilsgeschichte mit landschaftlichen Darstellungen – im Gewölbe, dort, wo vordem in der Kathedrale der gestirnte Himmel erschien. In den Rahmungen der Zwickelfelder sind perspektivische Öffnungen zu sehen, aus denen sich Propheten herausbeugen, ihre Schriftrollen zeigend[49]. Noch handelt es sich hier um keine eigentliche Illusionistik; die Propheten beugen sich nicht zu uns herunter, sondern über den Bildrahmen hinweg zum Geschehen im Feld daneben. Aber es zeigt sich hier bereits eine bislang unbekannte Macht des Bildes als Vermittlerin einer neuen Möglichkeit, das Heilige als Ereignis dieser unserer Welt darzustellen. Genauso aber wurde der Kirchenbau zu einem integrierten Bestandteil der Welt in der Stadt.

So kündigt jetzt der Außenbau der Kirchen bereits an, was im Innern zu erwarten ist. »So sind also der Vorstellung und der Materie nach Äußeres und Inneres völlig eins; Außen- und Innengestalt fallen messerscharf zusammen.«[50] »Wie sehr der Baumeister von Sa. Croce zur letzten Identität von außen und innen drängt, beweist schließlich seine Raumabdeckung. Wie schon erwähnt, greift er in den Seitenschiffen zu dem Novum, offene Giebeldachstühle zu zeigen, um sie der Form der Außengiebel anzuschließen.«[51]

---

48 Paatz, op. cit. 196.

49 Ebenda 204. Siehe auch: Ch. A. Isermeyer, Rahmengliederung und Bildfolge in der Wandmalerei bei Giotto und den Florentiner Malern des 14. Jahrhunderts, 1937, 65.

50 Gross, op. cit. 197.

51 Ebenda 198. Selbstverständlich wird die Anführung einiger Zitate aus der Literatur zu diesem Thema mit kurzen summarischen Behauptungen dem Phänomen nicht voll ge-

Aber nur scheinbar steht dieses Verhalten der Architektur im Widerspruch zur bildhaften Wirkung der neuen Architektur. Tatsächlich handelt es sich um etwas sehr ähnliches, wenn in diesen Kirchen ganz neue gemalte Bildräume entstehen: Die Architektur wendet sich bildhaft oder als Bildträger dem Betrachter zu. Dieser italienische Kirchenbau ist nicht mehr, wie die Kathedrale, eine andere Welt über der irdischen Stadt. Er ist eine Gestalt in der Stadt, von dieser her begreifbar. Er will nicht mehr ein nur in seinem Innern voll erlebbares »mystisches« Eigenes sein, sondern als verstehbare Architektur Bestandteil der Stadt. Umgekehrt sieht diese Stadt in diesem Kirchenbau einen Teil ihres kommunalen Lebens. Es ist kein Zufall, daß sich im italienischen Trecento viele Belege finden, die eindeutig diesen Verhalt belegen.[52]

Die Folgen dieser neuen Kunstauffassung sind bekannt: Die vordem im kirchlichen Bereich durch die Symbolik regulierten und sakralisierten Architekturformen können jetzt aus der einst kathedralen Sphäre, in der sie die Abbildung des himmlischen Jerusalem dienten[53], heraustreten in die Stadt und hier zu ästhetisch-paradiesischen werden. Daß sehr bald die gotischen Dienste, Pfeilerbündel, Baldachine und Himmelsgewölbe in der Renaissance übersetzt werden in Säulen und Pfeiler, Gewölbe und Gebälke, stellt, auf dieser Ebene der Betrachtung, nur eine graduelle Verwandlung dar. Denn die Säkularisierung des Himmelsbildes in der Kirche zu einem Paradiesesbild der Stadt provozierte geradezu auch ein Zurückgreifen auf antike Formen, von denen man glauben konnte, sie seien als Kunstformen an sich perfekt, als gleichsam civile und nicht sakrale Kunst.

Wo einst der Staat mit der Stadt identisch war und folglich die Vorstellung vom Gottesstaat mit der von der Gottesstadt[54], und wo, seit der Spätantike, die Stadt das Vorbild für das Kirchengebäude war[55], wandte sich jetzt das einst von der Stadt geformte Kirchengebäude zurück nach der Stadt und ver-

---

recht. Wir bauen hier aber auf den unbestrittenen Ergebnissen der kunsthistorischen Forschung auf.

[52] Am besten zusammengestellt bei Braunfels, op. cit.

[53] Siehe dazu Sedlmayr, op. cit.

[54] Bandmann, op. cit. 85. Zur Identität von Staat und Stadt siehe: F. Triltsch, Die Stadtbildungen des Altertums und die griechische Polis, Klio 1928, 1. Und auch: M. Weber, Das Kapitel über die Stadt in: Wirtschaft und Gesellschaft, 1921/22.

[55] Siehe: L. Kitschelt, Die frühchristliche Basilika als Darstellung des himmlischen Jerusalem, 1938. Und: J. Sauer, Symbolik des Kirchengebäudes und seiner Ausstattung in der Auffassung des MA, 1924².

mittelte dieser die Möglichkeit, durch die ganze Civitas ein Himmelsabbild zu schaffen – was zur Ausbildung einer civilen Kunst führte, die paradiesisch war, weil sie vollkommen war (es zu sein glaubte).

Das Heraustreten des Bildes aus seiner hieratischen Bindung und die Gewinnung eines Bildraumes an der Architektur hatte ähnliche Folgen: Mit selbständigen Geschehnisbildern, die einen eigenen Bildraum beanspruchen, wird aus der Architektur etwas anderes, Neues. Sie wird zu einer Dienerin des Bildes, sie ist nicht mehr selbst Gleichnis, sie redet jetzt in Gleichnissen durch das Bild. Sie begibt sich der Möglichkeit, selbst anagogisches Instrument zu sein. Nicht zufällig ist bei Giotto die Architektur im Bild ein ebenso großes Problem wie die Architektonisierung des Bildes[56]. Schon vor der Gotik, in der das Bild zunächst an der Architektur zurückgetreten war, hatte in der Romanik das Bild die Wand beherrscht. Im Gegensatz zum italienischen Trecento aber kannte dieses Bild keinen Bildraum. Es zeigte die Epiphanie des Heiligen direkt. Jetzt aber tritt zum erstenmal in der abendländischen Kunstgeschichte das Bild als autonomes Gebilde auf und löst damit den Primat der Architektur in der Verbildlichung des Sakralen ab. Die Eroberung eines Bildraumes, die schon im 16. Jahrhundert als Beginn einer neuen Kunst angesehen wurde, bedeutet auch für die Architektur etwas Neues. Während die französische Kathedrale in ihren Skulpturen nicht abbildete, sondern darstellte, erzählt die bildervolle Kirche des italienischen Trecento predigthaft vom Heilsgeschehen und vom Himmel. Und das Bild stellt diese Erzählung in eine neue irdische Wirklichkeit. Der Schauplatz dieser Bilder ist die italienische Stadt, in der die Kirche, wieder als Bestandteil dieser Stadt, mit auftritt. Die urbane Architektur insgesamt tritt jetzt in den Bildern als Schauplatz des biblischen Geschehens auf, so, wie in den Schauspielen die Stadt zum Schauplatz des Heiligen wurde und dadurch geheiligt. Und diese Bilder finden sich wiederum an den Wänden der Architektur. Es ist ein Circulus. Einerseits wird dadurch die Stadt und ihre Architektur nobilitiert, andererseits verliert dabei der Kirchenbau seine anagogische Funktion. Er wird von außen, von der Stadt her betrachtet. Architektur als »Bildgegenstand« in mehrfachem Sinn ist jetzt öffentlich – sie trägt das Bild und ist selbst Schauplatz des Bildes.

In der Spanischen Kapelle von Sta. Maria Novella schauen die Propheten,

---

[56] Am schönsten analysiert bei: Th. Hetzer, Giotto, 1941.

in die Gewölbe gemalt, aus dem Bild heraus, in den Raum hereingebeugt. In der Camera degli sposi in Mantua wird Mantegna später eine erste illusionistische Deckenöffnung malen.[57] Dieser Illusionismus im Bilde an der Architektur sagt sehr viel, mehr als allgemein angenommen, über das Wesen der dazugehörigen Architektur. Vor allem zeigt sich, daß die Architektur, anders als die der gotischen Kathedrale, selbst zunächst nicht mehr darstellend transzendiert[58]. Es zeigt sich aber auch, daß die Architektur nicht mehr abbilden will, sondern sich selbst als säkulare, irdische Form sieht, die im Bild sich zwar zu einer Darstellung des Himmels öffnen kann, selbst aber an die Erde gebunden ist, an die kunstvolle Stadt.

Die gotische Kathedrale ist bevölkert von Engeln und Heiligen aus Stein. Bezeichnenderweise besitzt diese Kathedrale keine Wand als Platz für Bilder. Die italienische Trencento-Kirche, gleich ob Dom oder Ordenskirche, öffnet sich dem Bild und der bildlichen Illusion. Was Gross bemerkt in Hinblick auf das Verhältnis von Innen und Außen, das gilt auch für sie als Bildträger: Sie ist ein »dem Bilde verwandtes Kunstprodukt«[59]. »In dem Augenblick, da die Malerei eine neue Selbständigkeit errang, nahm sie die Baukunst als eines ihrer wichtigsten Elemente ideell in sich auf. Dies ist das eine; das andere aber ist, daß die Baukunst selbst in demselben Augenblick damit begann, ihre Mauern gleichsam in Bildfelder zu verwandeln; sie neigte zu einer Gliederung, die dem Bilde entgegenkam. Was die Architektur an realer Herrschaft verlor, gewann sie an idealer Durchdringung; das Architektonische hielt als Grundhaltung seinen Einzug in die Malerei. Andererseits aber wurde jede Wand von der Welt des Bildes erobert. Die Grundtatsache der Malerei ist die Fläche. In der Fläche trafen sich Architektur und Malerei, sie ist beiden Künsten gemeinsam. Und zwar war es die Idee der Fläche, die dieses Zusammenwirken ermöglichte. Nicht mehr werden den Mauern oder auch den Tafeln Flächen abgewonnen, auf die sich malen ließ, vielmehr ver-

---

[57] Mantegnas illusionistische Malerei darf allerdings nicht gesehen werden wie ein barockes Fresko. Es ist vielmehr eine Allegorie des »caelum«, der »Luft« als junonischer Bereich, nicht ein Hereinreichen des Himmlischen in die Architektur.

[58] Zur abbildenden Funktion der gotischen Kathedrale siehe: H. Sedlmayr, op. cit., 1. Teil, III.
»Von Eusebius an finden wir schriftliche Quellen, daß das Kirchengebäude, die ecclesia, den Gottesstaat darstelle. Zwar kann man sagen, daß der Realitätsgrad dieser Vorstellung zur Neuzeit hin abnimmt ... aber bis in das hohe Mittelalter dürfen wir unserer Ansicht gewiß sein.« Bandmann, op. cit. 67.

[59] Siehe Anm. 47.

wirklichte sich die ideale Fläche gleichermaßen an Wänden, Altären, wie überhaupt an allem, was durch Malerei gestaltet wird.«[60].

In dieser Formulierung Theodor Hetzers ist die Entstehung einer neuen Kunst beschrieben. »Seinen gültigsten Ausdruck fand dieser Vorgang im Begriff des ›disegno‹, wie ihn die Florentiner zu Beginn des 15. Jahrhunderts geprägt haben. Alle Künste, Architektur, Plastik, Malerei in der Zeichnung, d. h. in einer formalen Abstraktion, die mit den geringsten materiellen Mitteln, als Umriß der Feder oder des Stiftes auf dem Papier gestellt wird. Als Bild stand jedes Werk in der Phantasie des Künstlers; als Bild bestimmte es die Ausführung in Quader und Stein, Erz und Farbe. Daß in dieser Herrschaft des Geistes über die Materie das Gefühl für deren Wesen, Ausdruckskraft und Schönheit nicht verloren ging, vielmehr erst recht erschlossen wurde, ist ein besonderer Ruhmestitel dieser Epoche.«[61] Letztlich ist hier die Entstehung des modernen, nachmittelalterlichen Kunstwerkes beschrieben – anhand des so wichtigen Verhältnisses der Architektur zum Bild.

In dieser Annäherung der Architektur an das Bild und umgekehrt des Bildes an die Architektur dürfen wir, von der Kunst her, die Bestätigung jenes Satzes aus dem Statut von Brescia sehen, der besagt, daß die Städte »ad similitudinem paradisi« erbaut seien. Das Paradies ist eine Bildvorstellung. In der Möglichkeit des Bildes kann jetzt eine ganze Stadt schön und vollkommen wie das Paradies werden. Im Bild, das den Kirchenbau, der vordem in seinen Architekturformen Hinweis auf den Himmel war, auflöste, wurde in Italien, gegen Ende des Mittelalters die Möglichkeit geschaffen, einen Himmel auf Erden zu imaginieren. Es ist die Geburtsstunde des Schönen in der Kunst als Surrogat des Anagogischen.

---

[60] Th. Hetzer, Über das Verhältnis der Malerei zur Architektur, Aufsätze und Vorträge, II, o. J., 174.

[61] Hetzer, op. cit. 174.

Seht, wie schön eine Stadt ist, wenn sie wohl geordnet ist...
Fra Giordano da Rivalto in einer Predigt

II

ORDO, AEQUALITAS UND NEUGRÜNDUNG

Noch ist das Ästhetische als Ordnungsmacht begründet, als Vergegenständlichung des »ordo«. »Seht wie schön eine Stadt ist, wenn sie wohl geordnet ist, und in ihr viele Künste sind. Ein allzu schönes Ding ist die Ordnung in einer Stadt. Und diese Ordnung verleiht drei Eigenschaften: Schönheit, Stärke und Größe. Allzuschön ist eine wohlgeordnete Stadt, in der viele Künste sind, und jede für sich und alle allen gemeinsam. Allzugroß ist die Schönheit, weil in jeder Kunst ein Nutzen liegt«.[1] Bei Fra Giordano ist die Stadt ein Gleichnis für die Ordnung in der Schöpfung. Volkstümlich werden dabei scholastische Gedanken begründet: »Nur im Gesicht ist die Nase schön und außerhalb des Gesichtes ist sie gemein und unschön.«[2]

Das ist nichts anderes als eine freie Anwendung eines Satzes von Augustinus, durch Bonaventura tradiert: »Ordo est parium dispariumque rerum sua cuique loca tribuens dispositio.«[3]

Die Ansicht, daß die Elemente der Ordnung ästhetische Qualitäten besitzen, konnte sich vor allem auf Bonaventura stützen: »Pulchritudo consistit in ordine et ordo in praecellentia unius ad alterum et praecellentia ponit praelationem ordinis ad ordinem ... Praelatio non tantummodo includit in

---

[1] Fra Giordano, op. cit., Predigt Nr. 94.

[2] Ebenda.

[3] Augustinus, De civitate Dei, IXX, 12–13. Siehe dazu auch: E. de Bruyne, Études d'Esthetique médiévale; Le XIIIe siècle, 1946, 201.

se praecellentiam sed etiam praesidentiam quae plus aspicit indigentiam viae quam pulchritudinem et perfectionem patriae.«[4]

Mit Bonaventura wird hier nicht die eventuelle Möglichkeit eines Einflusses genannt, sondern ein Toskaner, von dessen franziskanischer Scholastik wir ohne weiteres einen Einfluß auf die nicht zuletzt mendikantisch bestimmte Kunstanschauung des Trecento erwarten dürfen. Seine Definition der pulchritudo als ordo und umgekehrt stützt sich auf die augustinische Formulierung der »numerosa aequalitas«[5]. Diese Aequalitas aber gebiert drei Prinzipien: Das der Gleichheit zwischen räumlichen und zeitlichen Quantitäten, das der Identität (wie bei Grosseteste dann), wo die Teile eines Ganzen auf das absolute Sein dieses Ganzen verweisen, und schließlich auf die Einheit in der Gleichheit. Auf dieser Ansicht beruht auch die vom simile als große Möglichkeit der Kunst[6].

»Sicut in suprema hierarchia propter summam perfectionem reperitur et pulchritudo ex perfectissima aequalitate et similitudine parium (i. e. in Sancta Trinitate) sic in angelica hierarchia reperitur pulchritudo perfecta ex quadam gradatione disparium.«[7]

In dem Versuch, die Renaissancekunst nicht mehr nur als deus ex machina zu sehen, sondern auch als Ergebnis einer Entwicklung von der spätmittelalterlichen Tradition her, stellte die Kunstgeschichte zwar viele Traditionslinien im Formalen fest, die Kunsttheorie der Renaissance wurde aber immer einseitig als humanistisches Phänomen betrachtet[8]. Davon abgesehen, daß gerade von Bonaventura Wege zur neuplatonischen Kunsttheorie führen[9], ist es erlaubt, schon das Kunstwollen des Trecento in Verbindung mit der gleichzeitigen Ästhetik zu sehen. Das durch Quellenbelege erhärtbar sichtbare Bewußtsein im Kunstschaffen dieser Zeit berechtigt uns dazu, kunsttheoretische Einflüsse auf die Kunst vorauszusetzen.

Denn die hier zitierten Sätze Bonaventuras sind ohne weiteres künstlerisch realisierbar. Hinter ihnen steht Thomas. »Das göttliche Gesetz ordnet die Menschen so einander zu, daß ein jeder seine Ordnung bewahrt. Das

---

4 Bonaventura, In Sententias, II, S. d. 9, art. unic. q. 6. Siehe auch de Bruyne, op. cit. 198.

5 De Bruyne 199 ff.

6 De Bruyne 204.

7 Bonaventura, In Sententias, II, S. d. 9, art. unic. q. 8.

8 Ein Beispiel dafür ist die Zusammenfassung der Kunsttheorie der Renaissance von A. Blunt, Artistic Theory in Italy, 1956.

9 De Bruyne, op. cit. 189 ff.

bedeutet, daß die Menschen Frieden haben untereinander. Der Friede des Menschen nämlich ist, wie Augustinus sagt, nichts anderes als geordnete Eintracht.«[10] Die »Schönheit der Ordnung in den geschaffenen Dingen«[11] offenbart Gottes Bild. Hier liegt, bei entsprechend säkularer Interpretation die Möglichkeit einer moralischen Rechtfertigung der kunstvollen Ordnung in der Civitas. »Concinnitas«, einer der Generalbegriffe der Renaissanceästhetik, die »Zuordnung« der entsprechenden Dinge zueinander, ist nichts anderes als die ästhetische Ablösung des Begriffes »ordo«.

Das toskanische Trecento ist eine Zeit der Neugründungen. Die Stadt – als Ort geordneter Rechtlichkeit – steht im Kampf gegen die Willkür des Landadels und wehrt sich gegen diese durch organisierte Kolonisationen, Neugründungen, die »terre murate« heißen. Die Ummauerung bezeichnet nicht nur Wehrhaftigkeit, sondern auch von der Mauer umschlossene Rechtlichkeit. »Einheit von Stadt und Land, von ›città‹ und ›contado‹, gilt als das wesentliche Merkmal der italienischen Stadt, als das Erbe der Antike, das die junge Commune jedoch erst nach hartem Kampf antreten kann. Nachdem geistlichen oder weltlichen Stadtherren die politischen Rechte entwunden sind, strebt die Commune nach Einbeziehung des umliegenden Gebietes, und so beginnt mit dem 13. Jahrhundert die ›conquista del contado‹, die mit dem Kampf gegen das als fremd empfundene Prinzip der Feudalität aufs engste verknüpft ist. Einige Adelsgeschlechter sind mächtig genug zu energischer Gegenwehr, und so dauert der Kampf bis weit ins 14. Jahrhundert.«[12]

Die Landnahme durch »terre murate« gründet Siedlungen zwischen 1248 und 1306 – der Zeitpunkt scheint sehr bezeichnend zu sein.

Die Neuanlagen sind jeweils regelmäßig und symmetrisch. Das ist kein Novum. Antike Koloniestädte waren das, genauso wie Gründungen der Ritterorden, der französischen oder englischen Könige. Genauso wie frühere mittelalterliche Gründungen in Italien, etwa aus staufischer Zeit[13]. Die Gründungen von Florenz aus zeichnen sich jedoch durch eine beson-

---

10 Thomas, Summa contra gentes, 3, 128.

11 Ebenda 3, 70.

12 M. Richter, Die ›Terra murata‹ im florentinischen Gebiet, Mitteilungen des kunsthistorischen Institutes in Florenz, V, 1937, 351.

13 Ebenda 322 ff. Siehe auch: G. Eimer, Die Stadtplanung im schwedischen Ostseereich 1600 bis 1715. Mit Beiträgen zur Geschichte der Idealstadt, Stockholm 1961. Das Buch ist die letzte Publikation zum Thema der Planstadt und gibt auch einen ausgezeichneten historischen Abriß.

dere Bewußtheit im Gründen aus. Ein Erlaß der Republik von 1289, »der wie eine Vorwegnahme der Erklärung der Menschenrechte anmutet«[14], regelt von Florenz her die Stellung der Contadini gegenüber Feudalherren im oberen Arnotal und am Mugello und unterstellt sie der florentinischen Civitas. Grundsatz bei Neugründungen scheint gewesen zu sein, entgegen fortifikatorischen Überlegungen »in plano« zu bauen, an einem Ort, der keine Unebenheiten aufwies und leicht übersehbar war[15]. Gemeinsam ist allen Neugründungen die Anlage über einem Rechteck. Die Dombaumeister als Stadtbaumeister treten als Planer auf (Arnolfo di Cambio). Planmäßige Gestaltung, in Florenz selbst durch schon Bestehendes behindert, konnte sich frei entfalten. Warum aber nahm man wirklich durch Bauen »in plano« Nachteile in der Verteidigung auf sich? Die Erklärung ist nur in Florenz selbst zu finden, das in der Fläche eines Tales liegt. Wenn Florenz sich als Exemplum und Simile der heiligen Stadt Jerusalem oder des ehrwürdigen und jetzt übertroffenen Rom empfand, so wurden die neuen Orte nach dem Exemplum von Florenz errichtet. Villani erzählt stolz, er sei es gewesen, der für die berühmteste Gründung den Namen Firenzuola vorgeschlagen habe[16].

G. Kaschnitz von Weinberg hat dargelegt, daß Symmetrie und Achsialität Grundmerkmale der italisch-römischen Organisation waren[17]. Gleichzeitig stellte er fest, daß der Hang zum Schematisieren – oft auch gegen die Forderungen der Praxis durchgesetzt – Symptom eines bestimmten Kunstwollens war. So sicher, wie wir in den trecentistischen regelmäßigen Anlagen auch ein altitalisches Erbe sehen dürfen, so sicher ist diese Stadtformung Ausdruck des mittelalterlichen simile-Denkens. Der ordo ist das Verbindende im Gleichnis zwischen Florenz und seinen Gründungen.

Über die Ästhetisierung des ordo sprechen die Quellen sehr deutlich. In den Bauaufträgen der »offitiales attendentes circa utilitatem et decorem Firenzuole« beispielsweise finden wir – nachdem früher die Formulierungen rein auf den Zweck gerichtet waren – den Satz: »Prout viderint melius pulchrius et utilius convenire.«[18] Es ändert wenig am Wert dieses Dokuments,

---

14 M. Richter, op. cit. 358. Zitiert bei Villani, I primi due secoli dell storia die Firenze, 1893, I, 268.

15 Richter 365.

16 G. Villani, Cronica, Ed. Gherardi–Dragomani, 1846, X, 202.

17 G. Kaschnitz von Weinberg, Das Schöpferische in der römischen Kunst, 1961, 55. Ausgangspunkt ist das grundlegende Werk von A. v. Gerkan, Griechische Stadtanlagen, 1924.

18 Abdruck des Protokolls bei M. Richter, op. cit. Nr. 5 h.

daß sein Inhalt auf Vitruv zurückgeht: »Venustatis vero, cum fuerit operis species grata et elegans membrorumque Commensus iustas habeat symmetriarum ratiocinationes.«[19] Bezeichnend ist, daß der Topos wieder aufgenommen wird.

»Pulchritudo« erscheint jetzt immer wieder als gleichwertig mit »utilitas«[20]. Planung ist weitgehend zu einem Ästhetikum geworden. Die Begründung der Notwendigkeit des Schönen liegt allerdings weniger im Wert des Schmuckes als in der Aequalitas, dem Verbindlichen im Abbild. Die Neuschöpfung hat schön zu sein, weil in dieser Schönheit sich der Vergleich mit dem Vorbild ergibt.

1250 hatte der »primo popolo« die Ghibellinen aus Florenz vertrieben, worauf diese ein neues Florenz zu errichten planten, eine ideale »civitas Florentia« als Vereinigung ihrer Burgen (gegen die sich die Landnahme richtete) und als Staat nach ihrem Sinne[21]. Von der Gegenseite her zeigt sich also die gleiche Intention der Gründung auf idealer Basis. Wir dürfen uns allerdings nicht täuschen lassen – solche Projekte siedeln nicht nur im Denken an eine eventuelle Möglichkeit, sie sind vielmehr auch Rhetorik. Wir erinnern uns an das von Plotin geplante »Platonopolis«, den Plan, »eine Stadt, die in Kampanien gelegen haben sollte, aber längst zerstört war, wieder zum Leben zu erwecken, und der neugegründeten Stadt das umliegende Land zu schenken; es sollten aber die künftigen Bewohner nach der Verfassung Platons leben ... Und wirklich wäre dieser Wunsch dem Philosophen mit Leichtigkeit erfüllt worden, wenn nicht Leute aus der Umgebung des Kaisers es aus Mißgunst oder Argwohn oder sonst einem schlechten Motiv hintertrieben hätten«[22]. Der Wirklichkeit wird eine Idealvorstellung entgegengesetzt, für deren Unmöglichkeit die Gegner, seien es die kaiserlichen Günstlinge oder die Guelfen verantwortlich gemacht werden – Es deutet sich die Möglichkeit an, unabhängig von der wirklichen Lage im Wunschtraum zu Gründungen zu schreiten, und im Manifest dieses Wunschtraumes bereits politisch zu agieren. Es zeigt sich, daß Städte zu diesem Zeitpunkt etwas anderes sind als das, was heute unter Heimat verstanden wird. Städte sind zwar

19 Vitruvii de architectura I, 3.

20 Siehe die Dokumentensammlung bei Richter.

21 R. Davidsohn, Geschichte von Florenz, II, 1908, i, 395.

22 Plotins Schriften, übersetzt von R. Harder, V, Porphyrios, über Plotins Leben und über die Ordnung seiner Schriften Hamburg 1958, 65.

Heimat (mehr als heute) – Dantes Dichtung ist nicht zuletzt Dichtung vom weltgeschichtlichen Ereignis eines Verlustes dieser Heimat – aber sie sind trotzdem Wesenheiten, die noch nicht, wie im modernen Denken, Einmaligkeiten sind. Sie sind, gemäß dem mittelalterlichen Denken, auch »nur« Gleichnis, Denkschemata. Daran ändert auch die Tatsache der oft grausamen und allzumenschlichen Geschichte der Stadt im Mittelalter nichts. Im Gleichnis aber liegt die Möglichkeit der Wiederholung. Genauso wie die Möglichkeit einer Emanzipierung von Idealvorstellungen. An der Schwelle zu einer neuen Zeit, der humanistischen der Renaissance, ist folgendes zu sehen: Der Gleichnischarakter der Civitas wird ästhetisiert. Die »pulchritudo«, aus ihrer scholastischen und metaphysischen Bindung befreit, verweist als Abglanz des »ordo« auf den immanenten Begriff der »concinnitas«. Die Stadt ist in der Schönheit ein Gleichnis des Himmels, damit aber kann der Gegenstand des Gleichnisses, urbs beata Hierusalem, in der Ferne des Himmels verschwinden und die Stadt in ihrer Schönheit und Idealität sich selbst Gegenstand des Abbildens werden. Gleichzeitig ersteht das Bild der idealen Stadt (in Reaktion nicht zuletzt) als nur noch spiritueller Wunschtraum. In der ghibbellinischen Planung eines neuen, schöneren Florenz zeichnet sich bereits die neue literarische Gattung der Utopie ab: Der bloße Plan als politische Waffe. Damit erscheint aber auch im ausgehenden Mittelalter ein für die kommenden Jahrhunderte bis zu unserer Gegenwart reichender Zwiespalt im Kunstdenken. Schönheit als Ausdruck des ordo kann zu einem Selbstzweck werden, weil man glaubt, in der Schönheit als tertium comparationis zwischen Erde und Himmel eben diesen Himmel zwingen zu können. Der Traum von der besseren, zu gründenden Stadt aber kann zum politischen Roman werden – ebenfalls zu Kunst, zum Kunstgebilde des Romans.

Kunst als Surrogat des mittelalterlichen ordo und Kunst als literarisches Surrogat der Erlösungssehnsucht wird das Ergebnis sein.

»Woran erkenn' ich den besten Staat?« Woran du die beste Frau kennst! daran, mein Freund, daß man von beiden nicht spricht.
Schiller, 29. Votivtafel

III

THOMAS MORUS UND DER ROMAN VOM IDEALEN STAAT

Vorläufige historische Definition

Im Jahre 1516 erschien in Löwen, in lateinischer Sprache, das Buch eines englischen Politikers, Thomas Morus, »De optimo reipublicae statu, deque nova insula Utopia, libellus vere aureus, nec minus salutaris quam festivus.«[1]

Der »Bestseller«, der bald neue Auflagen und Übersetzungen verlangte, eine Erzählung von einem bislang unbekannten Staat auf einer Insel, der, im Gegensatz zu England, in all seinen Lebensformen und Formungen gut war und ein besseres Leben garantierte, gilt in der Forschung allgemein als erste abendländische »Utopie«, als nicht nur namengebend, sondern auch typensetzend. Staatswissenschaft, Philosophie, Sozialgeschichte und auch Literaturwissenschaft erkannten das Fundamentale dieses Büchleins[2].

Seit Morus gibt es nicht nur eine abendländische Utopie, sondern auch das Wort »utopisch«. Da dieses Wort inzwischen total korrumpiert ist als Bezeichung für ein unrealistisches Hirngespinst, als chiliastische Phantasie, platonischer wie marxistischer Hoffnung, da es gleichzeitig bürgerlich

[1] Die Literatur über Morus und seine Utopie ist inzwischen sehr groß. Einige Titel werden von uns zitiert, andere wichtige müssen hier unberücksichtigt bleiben. Wir verweisen auf die unten genannten Bibliographien.

[2] Den Stand der wissenschaftlichen Bemühungen um die Utopie zeigen auf: R. Falke, Versuch einer Bibliographie der Utopien, Romanistisches Jahrbuch VI, 1953–54, 92 ff und: Der utopische Staat; Morus, Utopia; Campanella, Sonnenstaat; Bacon, Neu-Atlantis; Übersetzt und kommentiert von K. J. Heinisch, Rowohlts Klassiker der Literatur und der Wissenschaft, 1960.

abwertendes Schlagwort wie Bezeichnung für die sog. »science fiction« ist, wird es notwendig sein, zunächst eine rein historische Definition der Utopie, nicht des Utopischen zu versuchen[3].

Die Utopie des Thomas Morus, um von ihr als typenbildend auszugehen, ist eine Erzählung. Fast gewaltsam und manchmal abrupt unmotiviert ist die Schilderung eines perfekten und idealen Staatswesens in eine Rahmenhandlung und Erzählung verpackt. Nur auf Umwegen und durch eine Schiffsreise gelangen wir, durch diese Erzählung hindurch, nach Utopia. In der Interpretation Utopias wird diese Rahmenhandlung oft beiseitegeschoben als unerhebliches Beiwerk. Daß sie dies nicht ist, soll noch gezeigt werden.

Die Utopie ist eine Erzählung. In dieser Erzählung wird von einem Staat berichtet, der in allem gut ist und das beste Leben auf Erden garantiert. Obwohl weit weg von uns (was auch festzuhalten ist), ist dieser Staat geschildert als auf Erden existierend – also als irdische Möglichkeit, nicht nur als philosophisches Denkschema. Obwohl die Konstruktion des idealen Staates natürlich nichts anderes ist als eine Idealkonstruktion, Wunschgebilde wie philosophisches System ähnlich Platons Staat, so ist doch durch die Rahmenhandlung dieses Wunschland geschildert als auf dieser Erde erreichbar. Wobei gleichzeitig gerade die Rahmenhandlung wiederum das ganze als auch reine Fiktion erklärt[4].

Irgendwo, auf einer Insel im Ozean, hinter der Wüste, nur durch das glückhafte Unglück eines Schiffbruchs oder nach Verlassen unserer gewohnten Welt erreichbar, liegt ein Staat, der in allem gut ist. Von ihm aber hören wir nur aus zweiter oder dritter Hand und die Männer, die dort waren, sind nicht leicht zu finden. Ihre Berichte sind eine Rarität wie ein antikes Manuskript. Die Erzählung wird also künstlich wertvoll gemacht, so, wie der wirk-

---

[3] G. Strauss, Siedlungs- und Architekturkonzeptionen der Utopisten, Wissenschaftliche Zeitschrift der Humboldt-Universität zu Berlin, Gesellschafts- und sprachwissenschaftliche Reihe, XI, 1962, 4, 543 ff, unterscheidet deshalb zwischen utopisch und utopistisch, d. h. der Utopie zugehörig. Das »Utopische« und »Utopistische« zusammen ist, wie erst jetzt mehr und mehr zu erkennen ist, auch als historisches Anliegen, zu einer Grundfrage des Marxismus geworden. Deshalb ist der Marxismus sehr an seiner historischen Legitimation des Utopischen interessiert, ist aber aus einsichtigen Gründen bemüht, die in der Utopie des Morus offensichtliche Distanzierung des utopischen Projektes durch die *Erzählung* zu ignorieren.

[4] Die beste Phänomenologie der Utopie, in der auch auf solche Wesenszüge eingegangen wird, was sonst kaum geschieht, gibt: R. Ruyer, L'Utopie et les utopistes, 1950.

liche Autor sich dadurch auch absichert. Das wird ganz klar an einem späten Beispiel, dem Roman des Gaudentio di Lucca[5]. In der Rahmenhandlung wird hier eine Verhandlung vor der Inquisition geschildert. Der Erzähler kann aber immer wieder seinen Kopf aus der Schlinge ziehen: Er sei ja nicht immer einverstanden mit dem, was in dem fernen Land alles zu finden sei, aber er habe doch die Pflicht, wahrheitsgemäß zu berichten und nicht zu lügen. Der nicht einmal sehr gute Witz der Aufklärung ist doch recht bezeichnend. Das Fiktive wird kunstvoll zur Schau gestellt. Im »libellus vere aureus« gibt die utopische Erfindung sich als unter Mühen gefundener Fund humanistischer Investigation aus und sie gibt sich als eindeutig literarisches Produkt.

Utopia ist das Ideal des Zoon politikon. Die Utopie ist immer politisch und sozialpolitisch. Sie schildert immer ein funktionierendes Staatswesen. Damit unterscheidet sie sich auch eindeutig von allen arkadischen und bukolischen Wunschräumen[6]. Obwohl arkadische Elemente im utopischen Roman seit Morus leicht nachweisbar sind, ist sein Ideal dem der arkadischen Dichtung entgegengesetzt: Arkadia ist das Ziel einer Flucht aus der schlechten und feindlichen Stadt. Utopia ist das Ziel einer Flucht aus der gleichen Stadt, aber es ist wiederum eine andere, bessere Stadt. Dabei liegen beide Wünsche nahe beisammen. Das zeigt sich in der toskanischen Renaissance. Die Flucht aus der Stadt, etwa wegen der politischen Intrigen, schafft den Typ der Villa und den Typ einer eigenen arkadischen Dichtung. Während gleichzeitig die Stadtgründung als Wunsch eine utopische Literaturgattung gebiert, von der noch zu sprechen sein wird[7].

Schließlich ist Utopia eine Insel. Eine »politische Insel«[8]. Das »Irgendwo«, das Abgeschlossene, Entfernte sind Momente, die bei gleichzeitiger realistischer Erzählweise eindeutig Utopia zu einer Abstraktion machen. Als Insel

---

[5] Geschichte des Gaudentio di Lucca oder Merkwürdige Nachricht seiner sonderbaren Reise durch die Sandwüsteneyen des inneren Africa nach Mezzoranien ... In das Deutsche übersetzt von J. B. Rack, Frankfurt und Leipzig 1751.
Herr Rhedi veröffentlicht den fingierten Bericht eines Gaudentio der, von der Inquisition in Bologna wegen seines exotischen Gebarens verhört, immer nur erklärt, er sei ja selbst ein Christ und berichte deshalb wahrheitsgemäß das, was er gesehen und gehört habe, auch wenn es unchristlich erscheine.

[6] Siehe dazu: A. Doren, Wunschräume und Wunschzeiten, Vorträge der Bibliothek Warburg 1927, 158 ff.

[7] Siehe dazu: R. Borchardt, Villa, in: Villa und andere Prosa, 1952.

[8] Titel eines Buches von H. Freyer, 1936.

ist Utopia ein Modell. Es kann sich abschließen, ist keinen Einflüssen ausgesetzt, gleicht hierin dem später so beliebten Wilden, der doch ein besserer Mensch ist – ein arkadisches Element; Utopia ist ein Modell. Nur in der relativen Kleinheit des Modells ist das Funktionieren des idealen Staates gewährleistet und ist es zu schildern.

Vor allem aber ist Utopia im Intentionellen dann doch kein Ziel einer Flucht, sondern das Modell soll dazu dienen, den Staat hier bei uns, in England, Italien, Frankreich oder Deutschland zu verbessern. Man will nicht nach Utopia auswandern, sondern das Modell Utopia hier verwirklicht haben. Denn jetzt ist unser Staat, wie Morus in der ganzen ersten Hälfte seines Buches darlegt, schlecht. So ist Utopia ein Ideal, aber nicht eigentlich ein Wunschtraum. Das ist der größte Unterschied zu Arkadia.

Die Utopie ist *die romanhafte Erzählung von einem vollkommenen Staatswesen irgendwo, weit weg, das aber als Modell für unseren gegenwärtigen Staat dienen könnte.*

Nun hat die Wissenschaft sich zwar eingehend mit dem »Inhalt« der Utopien beschäftigt, mit der in ihnen proponierten Staatsform und sozialen Konstruktion; es wurde dabei aber oft übersehen, daß es nicht genügt, diesen Inhalt von der Erzählung zu abstrahieren, um das Modell zu besitzen[9]. Denn diese Erzählung und Rahmenhandlung ist selbst wesentlicher Inhalt und sagt viel über die eigentlichen Intentionen aus. Eine andere Gefahr liegt darin, eine Erklärung der Utopie ausschließlich in der Ableitung von weit zurückliegenden Vorbildern zu suchen. Daß wesentliche Momente aus der Staatstheorie Platons und Aristoteles' stammen, daß einige Züge der Erzählung im hellenistischen Roman vorgebildet sind, ist unbestreitbar[10]. Aber eine derartige Ableitung verführt dazu, in Denkmodellen Konstanten zu sehen, während in Wirklichkeit der eigentliche historische Ort der jeweiligen Utopie unberücksichtigt bleibt. Aber auch das Extrem dazu ist zu finden. Gerade die Utopie des Thomas Morus wurde oft zu einseitig als ein Spiegel der Zustände Englands um 1500 gesehen[11]. Eine Unterscheidung

---

9 Das ist vor allem der Fall in Untersuchungen, die die Utopie als sozialistischen Staatsentwurf wörtlich nehmen. Etwa schon bei R. Mohl, die Staatsromane, Zeitschr. f. d. ges. Staatswiss. 1845, 24 ff.

10 Diese Ableitung ist schon bei Mohl angelegt und wurde weiter differenziert. Siehe auch Heinisch, op. cit.

11 J. H. Hexter, Mores Utopia, the biography of an idea, 1952, sucht beispielsweise eine Erklärung in der Entstehung bei Morus selbst.

zwischen literarischem Topos, philosophischer Tradition und politischer Aktualität, vor allem aber der Realitätsschichten im Roman könnte hier noch viel leisten. Die wichtigste Frage wurde aber nur sehr selten berührt und zu beantworten versucht: Wo der eigentliche Ursprung der abendländischen Utopie zu suchen ist. Wo und unter welchen Voraussetzungen der Glaube an eine Verbesserung der Welt durch Erzählungen von Modellen erstand[12].

---

[12] Gerade während meiner letzten Korrektur erhalte ich das »Eranos-Jahrbuch 1963«, Zürich 1964, das vom Sinn der Utopie handelt. In Aufsätzen von Karl Kerényi (Ursinn und Sinnwandel des Utopischen), Ira Progoff (The Dynamics of Hope an the Image of Utopia), Mircea Eliade (Paradis et Utopie) erstehen oft überraschend neue Perspektiven. Vor allem die Arbeit Kerényis macht manchen meiner Sätze überflüssig. Andererseits freut es mich, hier, an unabhängiger Stelle oft eine Bestätigung meiner Definitionen gefunden zu haben.

Und so behaupte ich auch, es müsse eine Stadt derart sein, daß von den Nachteilen, welche ich im ersten Buch aufgezählt habe, überhaupt keiner vorhanden sei.
L. B. Alberti, De re aedificatoria

IV

L. B. ALBERTI: DER ARCHITEKT ALS DEMIURG

Die Kunst der Renaissance ist ein humanistisches Phänomen. Mit dieser Erkenntnis und mit einer Ableitung aus humanistischen Voraussetzungen ist allerdings weniger geleistet, als es zunächst den Anschein haben mag. Diese gleiche Kunst hat aber auch die mittelalterliche weniger abrupt abgelöst, als man zunächst und im 19. Jahrhundert annahm. Sodaß es immer wieder naheliegt, Wurzeln der Renaissance-Kunst im italienischen Mittelalter zu suchen. Einseitig von diesen Wurzeln her läßt sich aber das Phänomen einer letztlich doch wieder völlig neuen Kunst kaum erklären.

Wie sehr es darauf ankommt, im grundlegend Neuen eben dieses Neue zu erkennen und doch als nur Wandlung einer großen und langen Tradition, das erweist sich an Leon Battista Alberti, dem Universalgenie der frühen Renaissance[1]. Seine Universalität verleitet dazu, ihn als Theoretiker und Schriftsteller zu sehen[2], dessen Kunst nur Übersetzung literarischer Ideen in Architektur gewesen sei. Der Versuch jedoch, sein theoretisches Hauptwerk, die »Zehn Bücher von der Architektur«[3] als humanistische Kom-

---

1 Leider (und bezeichnenderweise) gibt es über Alberti noch keine umfassende Monographie. Die Fülle der Einzeluntersuchungen ist zusammengefaßt in der Bibliographie der Enciclopedia universale dell'Arte (wir benutzten die englische Ausgabe 1959) s. v. Alberti, Bd. I.

2 So vor allem bei: J. von Schlosser, Ein Künstlerproblem der Renaissance, L. B. Alberti, Akademie der Wissenschaften in Wien, phil.-hist. Klasse, 210. Bd., Abh. 2, 1929.

3 Die zehn Bücher »de re aedificatoria« werden im Folgenden zitiert nach M. Theuer, Leon Battista Alberti, Zehn Bücher über die Baukunst, deutsche Übersetzung, 1912.
Das Entstehungsstadium der zunächst lateinische geschriebenen Schrift ist in der Forschung immer noch umstritten. C. Graysons Datierung (Kunstchronik 13, 1960) auf zwi-

pilation nach Vitruv und anderen antiken Schriftstellern zu erklären, wird sehr schnell auf ein großes Hindernis stoßen. Denn bei aller klassizistischen Pragmatik ist der Kern seiner Kunsttheorie eine Abwandlung des mittelalterlichen Gedankens von der Schönheit als sichtbarem Ausdruck des ordo. Dieser ordo, der seinen Ausdruck vor allem im geradezu fanatischen Systematisierungswillen der Renaissance findet, garantiert das glückliche Leben in einer ebenso schönen wie glücklichen Civitas.

Seit der schon beschriebenen Ästhetisierung des Ordo-Begriffes im italienischen Trecento ergab sich aus einem zunächst negativ erscheinenden Faktum eine neue großartige Möglichkeit: Die Kunst auf ein moralisches Fundament zu stellen. Die Perfektion als sichtbarer Ausdruck des Guten — das ist letztlich der Zentralbegriff der Kunsttheorie Albertis, der im übrigen diese Schönheit nur sehr dürftig definierte, vielleicht weil der Anlaß seiner Schriften so klar ist. Er ist nämlich durchwegs der, seinen Zeitgenossen klarzumachen, daß alles auf Erden dazu dienen solle, die Tugend, die virtù zu erlangen. Damit taucht eine Gefahr auf, die von nun an immer wieder die abendländische Kunst bedrohen wird: Die versuchte Legitimation der reinen Form als wegen ihrer bloßen Reinheit bereits auch moralisch gut.

Zunächst aber ergab sich daraus die Möglichkeit des Versuchs, mit und in der Kunst eine neue Welt zu schaffen, besser als die bisherige. Daß diese neue Welt eine gute Welt sei, wenn die verschiedensten Künste zu einer guten und glücklichen Lebensführung beitragen, das schreibt Alberti im ersten Satz seines Architekturtraktates. Hinter großmannssüchtiger Heroenverehrung, l'art-pour-l'art-Humanisterei, antiquarischer Angeberei und formalistischem Protzentum steht bei ihm das Bemühen, in der Kunst eine neue, gute Lebensführung zu begründen. Das wäre, bislang, im Mittelalter, ein unvorstellbarer Gedanke gewesen. Jetzt bemüht Alberti als Hauptquellen seines Werkes nicht nur Plato, Aristoteles, Theophrast und Vitruv, sondern auch Plinius, Varro und Cato[4]. Die alte Römergröße, bereits bei den letzteren Autoren ein Wunschtraum, wird hier zu einer neuerlichen Forderung. »Virtus«, »die Familie«, die »Seelenruhe«, das sind jetzt die literarischen Gegen-

---

schen 1443 und 1452 hat die größte Wahrscheinlichkeit für sich. Im Druck erschien das Buch erst 1485. Eine Zusammenstellung der Handschriften und Drucke gibt Theuer, op. cit. LXIII. Siehe auch L. Mallè in der Enciclopedia dell'Arte universale, op. cit., s. v. Alberti.

[4] Siehe Theuer, op. cit. XXXVII.

stände des Kunsttheoretikers Alberti[5]. Daß unter solchen Gesichtspunkten das gleichzeitige Ringen Albertis um einen objektiven Kanon transparent wird, das wurde von der Kunstgeschichtsschreibung kaum bemerkt. Daß die Anlehnung an die Antike damit als Zielen auf eine moralische Neugründung und nicht nur formale Vorbilder einen anderen Sinn hat, wurde ebenso kaum statuiert. Deshalb mußte unverständlich bleiben, warum Alberti, den wir als Architekten nur als Planer von einigen Kirchen und Palastfassaden kennen, in seinem Traktat zunächst eben nicht von Kirchen und Palästen spricht, sondern von *Städten*. Er kam nie in die Lage, eine Stadt zu bauen. Das blieb seinem Schüler Rosselino vorbehalten[6]. Aber – und dies muß mit Nachdruck festgestellt werden – die neue Form der Renaissance muß als künstlerisches Phänomen unverständlich bleiben, wenn man in ihr nicht zumindest den Versuch sieht, Baustein zu einer neuen glücklichen Welt zu sein. Nur so wird die erhabene Rolle verständlich, die Alberti dem Architekten zuweist. Dieser ersinnt »was zur Erhaltung der Gesundheit beiträgt, wie Fahrbahnen, Schwimmbäder, Thermen und dergleichen.«[7] »Oder was soll ich die Fahrzeuge, die Stampfmühlen und all diese Kleinigkeiten aufzählen, welche dennoch für die Lebensführung so wichtig sind? Was die Wassermassen, die man aus dem verborgensten Innern der Erde erschließt...? Was die Siegeszeichen, Heiligtümer, Opferstätten, Tempel und Ähnliches, das er für die Pflege des Gottesdienstes und für den Ruhm der Nachwelt ersann? Wozu soll ich endlich erwähnen, daß er durch Abtragen von Felsen, Durchstechen von Bergen, Ausfüllen von Tälern, durch Trockenlegung von Sümpfen mittels Ableitung derselben in einen See oder ins Meer, Erbauung von Schiffen, Regulierung von Flüssen, Freilegung von Zugängen, Errichtung von Brücken und Häfen nicht nur für den zeitweiligen Bedarf der Menschen vorsorgte. Ja sogar den Zugang zu allen Ländern der Erde hat er erschlossen. Hierdurch kommt es, daß die Menschen Früchte, Gewürze, Edelsteine, Erfahrung und Sachkenntnis sowie alles, was zum Heil und Segen des Lebens beiträgt, im wechselseitigen Verkehre einander vermittelten.«[8]

Diese Sätze, obwohl bezogen auf die antiken Prototypen des Architekten

---

[5] Siehe dazu E. Garin, Enciclopedia universale dell'Arte, op. cit., s. v. Alberti.

[6] Siehe: L. M. Heydenreich, Pius II. als Bauherr von Pienza, Zeitschrift für Kunstgeschichte, VI, 1937, 105–146.

[7] Vorrede zu de re aed.

[8] Ebenda.

wie Dädalus, sind prophetisch. Amerika wird bald entdeckt werden und bei der folgenden Künstlergeneration werden die Entwürfe für Schiffsmaschinerien, Flugzeuge, Befestigungen, Flaschenzüge, deinokratische Projekte, hydraulische Anlagen die Skizzenbücher füllen. Bei den Sangalli, bei Leonardo und Dürer konnte das Erfinden quasikünstlerische Formen annehmen und das kunstvolle Ersinnen den physikalischen, chemischen und mathematischen Erkenntnissen weit vorauseilen; so weit, daß sie erst im 20. Jahrhundert eingeholt wurden.

Aus der im ausgehenden Mittelalter immer mehr erweiterten Zuständigkeit des Dombaumeisters als Stadtbaumeister[9] ist mit Alberti der Theoretiker geworden,, der sich, unter Berufung auf die jetzt vorbildliche Antike, die Rolle des Epidemiurg zumißt[10].

Wenn Alberti zu Beginn seines Traktates von den Bedingungen spricht, die in einer zu gründenden Stadt herrschen sollen, dann legt er ein Ideal fest, das keinerlei Beziehungen hat zur realen italienischen Stadt. »Es wird ein günstiges Anzeichen für köstliche Luft und gutes Wasser sein, wenn die Gegend guter Früchte die Menge trägt. Wenn sie Greise von hohem Alter und großer Zahl ernährt. Wenn die Jugend kräftig und schön gebaut ist. Wenn sie an vollkommenen Geburten gesegnet ist. Wenn ferner dieser Nachwuchs gesund und durch keine Mißgestalten verunziert ist.«[11] Zu den als Prosa schönsten Stellen gehört das Ende des 6. Kapitels im 1. Buch: »Bei mir steht fest, daß es keineswegs von großer Einfalt zeugt, wenn man alles zu versuchen trachtet, was im Hinblick auf die Bauführung und die kommenden Auslagen nicht umsonst geschieht und den Zweck hat, ein solides und gesundes Bauwerk zu schaffen. Und in der Tat ist es die Pflicht eines klugen und gutberatenen Mannes, bei der Ausführung einer solchen Sache nichts außer acht zu lassen. Oder ist es nicht das Höchste, für dich und die deinen etwas zu beginnen, das Segen bringt, das das Leben wert und angenehm macht? Hier kannst du das anregendste Studium treiben, hier wirst du Kinder und eine liebe Familie haben, hier wirst du Tage der Arbeit und Muße verleben, hier laufen alle Fäden deines Lebens zusammen. Daher bin ich der Meinung, daß man im ganzen menschlichen Leben außer der Tüchtigkeit nichts findet, auf das man größere Sorgfalt, Mühe und Fleiß verwenden

[9] Siehe W. Braunfels, op. cit. 216 ff.
[10] Siehe dazu: P. Tigler, Die Architekturtheorie des Filarete, 1963, 116 f.
[11] De re aed. 2, 20.

muß, als daß man glücklich mit seiner Familie ein schönes Heim bewohne. Und wer könnte behaupten, schön zu wohnen, wenn er alles das außer acht läßt, was ich vorgebracht habe?«[12]

Diese Sätze enthalten bereits alles, was im Denken Albertis von Wichtigkeit ist. Zentralbegriff ist die hier nicht ganz glücklich mit »Tüchtigkeit« übersetzte virtù. Daneben gruppieren sich um das Zentrum der Familie Arbeit und Muße. Das sind geradezu die Titel seiner (noch zu behandelnden) Schriften außerhalb der eigentlichen Kunsttheorie.

Die Forderung nach dem glücklichen Leben in Familie und Staat ist bei ihm die große Forderung an die Architektur geworden. Diese Sätze eröffnen ein neues Zeitalter. Denn jetzt ist der Künstler, der Architekt, Garant einer in der ästhetischen Vollkommenheit auf Erden nicht nur gespiegelten, sondern irdischen Glückseligkeit geworden. Er ist die Schlüsselfigur in der Civitas, weil er diese richtig erstellt. Er ist Priester, weil er den Kult ermöglicht. Er ist Gesetzgeber, weil er in der Anlage der Stadt den Ablauf des Lebens in ihr bestimmt und festlegt. Er ist Moralist, weil er in der Indentifizierung von Ästhetik und Ethik Maßstäbe setzt. Seit Alberti gibt es im Abendland die Möglichkeit, daß die Kunst sich die Stellvertretung von Religion, Recht, Moral oder Erziehung anmaßt – weil die Kunst nicht mehr an Gleichnissen des Himmels baut, sondern der Stadt zu himmlischen Eigenschaften verhilft. Die Säkularisierung des Himmelsbildes ist vollzogen.

»So will ich durch Vorführung von Beispielen jene Stadt beschreiben, welche in jeder Beziehung der Meinung der Gelehrtesten entsprechen wird, indem ich mich im übrigen nach der Zeit und Notwendigkeit richten werde. Hierbei werde ich mir den Spruch des Sokrates vor Augen halten, daß wir jene Sache für die beste halten sollen, welche an sich derart beschaffen ist, daß sie nur verschlechtert werden kann. Und so behaupte ich auch, es müsse eine Stadt derart sein, daß von den Nachteilen, welche ich im ersten Buch aufgezählt habe, überhaupt keiner vorhanden sein.«[13]

Das ist der wichtigste Satz im ganzen Schrifttum Albertis. In ihm ist die Idealstadt proklamiert. In ihm ist auch die neuere Utopie begründet. Für den Kunsthistoriker stellt sich hier allerdings die Frage nach dem Verhältnis von theoretischer Forderung und der Verwirklichung in Stein. Tatsächlich ist das Wenige, was Alberti ausführen konnte, zumindest in einer ganz bestimm-

12 De re aed. 1, 6.
13 De re aed. 4, 2.

ten Weise nur zu verschlechtern. Bei einer solchen Behauptung müssen wir uns nur davor hüten, irgendeinen und vagen Schönheitsmaßstab der Moderne einzuführen. An diesem Punkt hilft aber auch kein historistisches Aufsuchen damals gültiger Wertmaßstäbe. Am ehesten die einfache Frage, welches Bild eine ganze Stadt nur aus Bauten Albertis ergäbe. Was von ihm erhalten ist[14] — von der Kunstgeschichte teilweise in ausgezeichneten Einzelanalysen behandelt — bietet einen zutiefst erregenden Eindruck. Im Umbau von S. Francesco in Rimini und in der Fassade von Sta. Maria Novella in Florenz sehen wir die Übersetzung eines vorgegebenen mittelalterlichen Schemas in neue Formen. In S. Andrea in Mantua, S. Sebastiano, im Heiligen Grab von S. Pancrazio, im Palazzo Ruccellai hatte der Architekt dagegen weitgehend freie Hand. In allen Fällen aber sehen wir Gebilde, die im Intentionellen ebenso neuartig sind, wie sie altertümlich sind in Hinblick auf die Tradition des Typus an sich. »Man darf sagen: Mittelalterlichen Gebäudetypen legte Alberti römisch-antike Formen auf. In Florenz und Rimini bleiben neben diesen Formen die gotischen bestehen ... Nimmt man ... hinzu, daß Alberti das mittelalterliche Verfahren der Quadratur kannte und anwandte, so darf man sagen: Neben dem antikisierenden Formenapparat gibt es ein gewichtiges, tragendes mittelalterliches Element: Gebäudetypus und Konstruktionsverfahren.«[15] Dieser zunächst sogar richtigen Meinung muß widersprochen werden. Nach neuesten Forschungen kannte Alberti den Goldenen Schnitt noch nicht und war seine rechnerische Planung auf einem komplexen Proportionssystem aufgebaut, das noch mittelalterlich und auch schon neuzeitlich ist[16]. Das ist eigentlich ein zu erwartendes Ergebnis. Wichtiger ist etwas anderes. Albertis Rekonstruktionsversuch des »Templum hetruscum« im neuen Kirchenbau[17], ein Rückgriff auf die altitalische Tradition nach archäologischen Erkenntnissen und Textstellen aus Vitruv, hebt das Kirchengebäude gewaltsam aus seinem bisherigen Zusammenhang und stellt es in einen an-

---

[14] Die Datierungen mancher seiner Werke sind manchmal nicht ganz genau zu bestimmen. Die Chronologie ist dennoch ziemlich sicher: Tempio Malatestiano ab 1446. Palazzo Rucellai 1445—51. Fassade von Sta. Maria Novella 1456. Rucellai-Kapelle und Hl. Grab in S. Pancrazio 1467. S. Sebastiano in Mantua 1460 geplant und zehn Jahre später modifiziert. S. Andrea in Mantua 1470 geplant, 2 Jahre später begonnen. SS. Annunziata in Florenz ebenfalls um diese Zeit geplant.

[15] G. Hellmann, Studien zur Terminologie der kunsttheoretischen Schriften L. B. Albertis, Diss. Köln 1956, 88.

[16] G. Soergel, Die Proportionslehre Albertis und ihre Anwendung an der Fassade von S. Francesco in Rimini, Kunstchronik 13, 1960, 348 ff.

deren, neuen. Nicht mehr die Tradition der altchristlichen Basiliken, sondern ein literarischer Bautyp, rekonstruiert, wird zum Vorbild. »Tempel nach De re aedificatoria VII, 4, sind rund, polygonal oder 'more Hetruscorum veterum'; sie sind stets gewölbt, das Licht ist gedämpft; das Innere ist möglichst nicht mit Gemälden, sondern mit Statuen, opus sectile Fußböden, Inschriften ausgestattet.«[18] Brunellesco ist hier in der Rigorosität der Konzeption weit überholt und der neue Gebäudetyp bei allen Nachklängen mittelalterlicher Konstruktionsverfahren von einer Neuartigkeit, die wir nur deshalb so schwer noch erkennen, weil uns die folgenden Jahrhunderte daran gewöhnten.

Dazu paßt die ambitiöse Verwendung der klassischen römischen Lapidarschrift an den Gebäuden[19], wie etwa an Sta. Maria Novella oder am Heiligen Grab der Rucellai. J. von Schlossers Bezeichnungen: »kalt«, »lieblos«, »papieren« und vor allem »rhetorisch« treffen hier sicherlich zu[20]. Aber diese Verbindung von pragmatischer Archäologie, schriftlicher Kommentierung des Baues, Beschreibung am Bau, bewußter Planung und dem Versuch, die beste aller möglichen Architekturen einzuführen und verständlich zu machen, ist in solchen Bezeichnungen nicht abzuwerten. Wo ein Ansatz zu einer positiven Wertung zu suchen ist, das gibt v. Schlosser selbst an: Im Bereich des »Rhetorischen«. »Rhetorik« ist bei Alberti selbst die Überzeugungskraft im antiken positiven Sinn. Und gerade als Rhetorik sind diese Bauten zu verstehen: In jeder Einzelform ist ein Programm enthalten, und gewinnt dadurch an Würde. Bisher gab es im Abendland keine Architektur, die in der Eindeutigkeit ihrer Formen einen so klaren Anspruch auf historische Würde erhob. Die Berufung auf die Antike ist dabei Ausdruck jener menschlichen Eigentümlichkeit, immer dann, wenn das Höchste versucht und gewagt wird, eines Vorbildes zu bedürfen.

Der Tempio Malatestiano oder S. Andrea in Mantua illustrieren das vielleicht besser als das kleine Heilige Grab in S. Pancrazio[21]. Doch läßt sich an

---

17 R. Krautheimer, Albertis Templum Hetruscum, Kunstchronik 13, 1960, 364 ff.

18 Ebenda 365 f.

19 G. Mardersteig, L. B. Alberti und die Wiederbelebung der klassischen römischen Lapidarschrift im 15. Jh. Kunstchronik 13, 1960, 342 f.

20 J. von Schlosser, op. cit.

21 L. H. Heydenreich. Die capella Rucellai und die Badia Fiesolana. Kunstchronik 13, 1960, 352.

diesem, manchmal besser als an den großen Bauten, ein bestimmender Wesenszug der albertianischen Architektur aufzeigen.

Eingestellt in eine Kapelle steht ein blockartig kleines Gebäude vor uns. An der Längsseite durch vier, an der Schmalseite durch drei über die ganze Höhe gehende Pilaster gegliedert, die eine Architravzone tragen. Füllungen mit Steineinlegearbeiten bilden die Wände zwischen den Pilastern. Eine riesige Inschrift, auf dem Gebälk umlaufend, bestimmt weitgehend den Eindruck des Baues, der darüber noch von einem Kranz aus gereihten Lilien gekrönt wird. Schließlich ragt aus ihm oben hoch, wie ein Schornstein fast, ein von vier Säulen getragener »Tempietto«, die Vorstellung des alten »konstantinischen« Grabbaues in Jerusalem vervollkommnend. Das ist alles. Aber welch ein komplexer Bau ist mit diesen wenigen Mitteln erstellt!

Er ist ein pragmatisches Modell. In seiner Kleinheit, der programmatischen Anwendung antikischer Formen, ist er weniger Architektur als Modell. In einem Brief heißt es, er sei »a simiglianza« des Hl. Grabes erbaut[22]. Er ist noch »simile« im mittelalterlichen Sinn. Aber auch schon »modelletto« im Sinne der Renaissance: Bau, der nicht, wie im Mittelalter more scholastico vom Kleinen auf Größeres verweist, sondern außerhalb des Gleichnisbereiches formales Vorbild sein soll.

Wie programmatisch jede Einzelform bei Alberti gedacht ist, geht aus Kommentierungen in seinem Architekturtraktat hervor. Aber auch ohne einen solchen Kommentar ist dies an den Bauten selbst sichtbar. Am Heiligen Grab ist der Pilaster zu einer neuen Würde erhoben. Er bildet demonstrativ das tektonische Gerüst als der sichtbare Teil eines eigentlich Pfeilers. Das Gebälk ist eindeutig der Abschluß nach oben, wiederum demonstrativ von diesen Pfeiler-Pilastern getragen. Die Füllwände sind einerseits nur wirkliche Füllungen, andererseits ist das klare Ornament der Intarsien derart auffallend, daß sich sogleich die Assoziation von »Schmuck« einstellt.

Das auf altrömische Art tonnengewölbte »Templum«, ein Wand-Säulen-Bau, reich geschmückt mit Zierat, verweist auf die Geschichte Roms in jedem seiner Details. Mit diesem geschichtlichen Anspruch nähern wir uns dem zentralen Problem und Anliegen Albertis. Es geht um »die Denkzeichen

---

22 Es handelt sich um einen Brief des Stifters Giovanni Rucellai an seine Mutter, der allerdings nur in einer nicht zweifelsfreien Abschrift des 18. Jahrhunderts erhalten ist. Siehe Heydenreich, op. cit.

großer Ereignisse, die, der Ewigkeit geweiht, auf die Nachwelt kommen.«[23] Auf was aber beziehen sich diese »Denkzeichen«? »... beruhen sie nicht alle – täusche ich mich nicht – nur auf Gerechtigkeit und Religion?«[24]

Daß Alberti nicht von Kirchen, sondern von Tempeln, nicht von Gott, sondern von den Göttern spricht, wurde ihm oft als heidnisch angekreidet. Es handelt sich hier aber um die Konsequenz eines historischen Rückgriffes, in welchem die Geschichte als transzendentale Instanz die mittelalterliche Gotteserwartung ersetzt. Daß dabei die Gerechtigkeit noch vor der Religion als Anlaß von Denkmälern genannt wird, verweist auf Platons Politeia. So wird auch in den folgenden Sätzen dessen Staatseinteilung beschrieben. Das soll zunächst festgehalten werden.

In welchem Zusammenhang stehen nun aber modellhaft programmatische Architekturkonstruktion und die Vorstellung vom idealen Staatsgebilde bei Alberti?

Eine Antwort bietet sich von der Stellung des Modells in der Renaissance her an. Jetzt »entstehen die ersten perspektivischen Architekturzeichnungen und die ersten Gesamtmodelle, die die eigenartige Doppelfunktion der architektonischen Wirkung als Raumbau und als Monumentbau anschaulich ›vorstellbar‹ zu machen imstande sind.«[25] Das Modell, griechisch Παράδειγμα, gewinnt paradigmatisch Wert, annähernd in platonischem Sinne als erste Fixierung einer Idee. »Die Modelle sollen aber so ausgeführt sein, daß man die Lage der Gegend, den Umfang der Grundfläche und Zahl und Anordnung der Teile, die Ansicht der Wände, die Stärke der Decken und schließlich die Art und Durchbildung all dessen, was ich im vorigen Buch behandelt habe, aufs deutlichste ersehen und betrachten kann ... Auch darf ich keineswegs unerwähnt lassen, daß wichtig ist, daß auf Glanz hergerichtete und sozusagen durch das Lockmittel der Malerei aufgeputzte Modelle vorzuweisen nicht das Vorgehen des Architekten ist, der die Sache genau auseinanderzusetzen bestrebt ist, sondern eines selbstsüchtigen, der es versucht, den Beschauern die Augen auszuwischen, ihre Aufmerksamkeit aber von einer eingehenden Untersuchung der zu prüfenden Teile ab- und der Bewunderung seiner Person zuzuwenden.«[26] Mit der Erwähnung der »Lockmittel der Male-

[23] De re aed. 7, 1.
[24] Ebenda.
[25] L. H. Heydenreich, Reallex. z. deutschen Kunstgesch., I, 924, s. v. Architekturmodell.
[26] De re aed. 2, 1. Siehe auch: G. Hellmann, op. cit. 45 f.

rei« werden wir wieder an Platons Staat erinnert, in dem die Malerei als Mimesis ebenfalls Verführerin war. Deshalb mag es angebracht sein, sich zu vergegenwärtigen, was Platon über das Paradigma zu sagen hat.

»Des Beispiels also, sprach ich, suchten wir die Gerechtigkeit an sich, was sie wohl ist, und den vollkommen gerechten Mann, wenn es einen geben könne, und wie er sein würde, wenn es einen gäbe, und wiederum die Ungerechtigkeit und den ungerechtesten, damit wir, auf jene sehend, wie sie uns erscheinen in Hinsicht auf Glückseligkeit und ihr Gegenteil, genötigt würden, auch von uns selbst einzugestehen, daß, wer ihnen am ähnlichsten ist, auch das ihnen ähnlichste Los haben werde, nicht aber deshalb, um aufzuzeigen, es sei möglich, daß dies wirklich so vorkomme.«[27] In diesem Satz, der von der Gerechtigkeit als Basis des vollkommenen Staates handelt, sind — um dies nur jetzt beiläufig zu bemerken — utopische Elemente angelegt, insofern, als die Fiktion als Modell in Erscheinung tritt. Denn im Παράδειγμα wird der utopische Roman sich eine modellhafte Welt schaffen und gleichzeitig eingestehen, daß es sich nur um ein fiktives Modell handelt.

Die folgenden Sätze Platons handeln dann von der Rolle der Kunst im Paradigma: »Hierin, sagte er, hast du wohl recht. — Meinst du also, einer sei ein minder guter Maler, wenn er, nachdem er ein Urbild gemalt hätte wie ein vollkommen schöner Mann aussehen würde, und in seinem Bild alles gehörig beobachtet, hernach nicht aufzeigen könnte, daß es einen solchen Mann auch geben könne?«[28] Unversehens ist Platon hier zu einem Verteidiger der Kunst geworden, die ihm ansonsten so suspekt ist, weil sie banausisch kein Erkenntnisprinzip darstellt[29]. Sie ist jetzt eine Möglichkeit, zumindest beispielhaft Urbilder darzustellen. Allerdings darf diese Stelle auch

---

[27] Politeia 472 c.

[28] Politeia 172 d.

[29] Wir benutzten zum Fragekomplex Platon-bildende Kunst: P. M. Schuhl, Platon et l'art de son temps, 1933; W. J. Verdenius, Mimesis: Platons doctrine of artistic imitation and its meaning to us, 1949; B. Schweitzer, Platon und die bildende Kunst der Griechen, 1953.
Obwohl des öfteren in dieser Arbeit vom platonischen Kunstbegriff die Rede sein wird, muß dabei die Ansicht berufener Gelehrter undiskutiert eingesetzt werden, die darin einig sind, daß zwar der »mittlere« Platon manchmal geneigt ist, der Kunst eines gewissen Erkenntniswert zuzumessen, daß generell aber doch von einer »Kunstfremdheit« (Panofsky) gesprochen werden darf in dem Sinne, daß die nachahmende Kunst trügerisch ist und lediglich die hervorbringende, zu der auch die Baukunst zählen kann, schöpferischen Eigenwert hat (Sophistes 265 c–d).

nicht dazu verleiten, anzunehmen, Platon habe hier der Kunst die Möglichkeit zugemessen, diese Urbilder wirklich darzustellen. Der Satz selbst hat nur paradigmatischen Charakter.

Aber — unabhängig vom platonischen Kunstbegriff —: der Kunst ist hier (und das konnte die Renaissance sich aus den Sätzen lesen) die Möglichkeit zugewiesen, das Bild eines vollkommenen Staates wie das eines vollkommenen Mannes imaginieren zu helfen. Nicht diesen Staat zu formen! Ihn in der Vorstellung errichten helfen! Nur darf man dabei das im Deutschen sicher nicht richtig mit »Urbild« hier übersetzte παράδειγμα nur als eben Modell betrachten.

Wie aus der Alberti-Vita Mancinis[30] hervorgeht, hat Alberti selbst Architekturmodelle gebaut. Nun ist es leicht, diese Beschäftigung als keineswegs neuartig darzustellen[31]. Aus den Quellen wissen wir beispielsweise von hölzernen Modellen zum Mailänder Dom[32]. Allerdings werden wir, vor der Renaissance, mit solchen Modellen immer auf den sakralen Bereich verwiesen, wo dieses Modell eine andere Rolle gespielt zu haben scheint. In Reliquiaren, Lichterkronen und vor allem Stiftermodellen gab es hier schon lange etwas, was man »Pseudomodelle« nennen könnte, »simile« von symbolhafter Bedeutung[33]. Im Quattrocento wird jetzt aus dem »simile« ein Paradigma. Der Unterschied ist folgender: Das »simile« bildet (den Kirchenbau) ab, sei es nach einer schon bestehenden Kirche oder sei es nach der seit der Apokalypse festgelegten Form der Himmelsstadt. Das Paradigma fixiert eine erste schöpferische Idee. Dabei ist es nicht ausgeschlossen, daß die Vorstellung Albertis, die ideale Stadt könne in Modellen imaginiert werden, von dieser Funktion des mittelalterlichen »simile« abgehängt.

» παράδειγμα, wie Platon . . . das noetische Urbild in der Seele der Philosophen nennt, ist auch ein Fachausdruck der Baumeister und Bildhauer und bedeutet das Modell etwa eines Kapitells oder einer Figur von der Hand des leitenden Meisters, das den Steinmetzen zum Muster der Ausführung diente. Die ›Nachahmung‹ ist also nicht durch den zufälligen Gegenstand des Bildes gegeben. Ihr Wert bemißt sich vielmehr nach dem Wahrheitsgrad, den der

---

30 487.
31 Siehe G. Hellmann, op. cit. 46.
32 Es gab hölzerne Modelle zum Mailänder Dom von Simone da Piacenza von 1391/2 und von Giovanni de Grassi von 1399. Siehe: H. Siebenhüner, Deutsche Künstler am Mailänder Dom, 1943, Anm. 18 u. 131.
33 Siehe dazu L. H. Heydenreich, Reallexicon, op. cit.

Maler im Sichtbaren zu sehen vermag, und dieser ist vergleichbar dem Paradigma, auf das er – wie der Philosoph – unverwandt blickt, um es auf das genaueste nachzubilden.«[34]

In der »Politeia« vergleicht Platon den staaterdenkenden Philosophen mit dem Maler[35]: »– Also wenn die Leute nun gewahr werden, daß wir die Wahrheit von jenem sagen, werden sie dann doch den Philosophen böse sein und uns den Glauben verweigern, wenn wir sagen, daß ein Staat nicht glückselig sein könne, wenn ihn nicht diese des göttlichen Urbildes sich bedienenden Zeichner entworfen haben? – Sie werden wohl nicht böse sein, sprach er, wenn sie gewahr geworden sind. Aber welches, sagst du nun, sei die Art des Entwurfs? – Wenn sie nun, sprach ich, *wie eine Tafel den Staat und die Gemüter der Menschen zur Hand nehmen, werden sie sie wohl zuvörderst rein machen müssen*, was gar nicht eben leicht ist.«

»Es werden die Philosophen schlechtweg Maler genannt, welche die beste Stadt nach einem göttlichen Urbild entwerfen. Die bildliche Sprache ist an sich interessant, weil sie eine lebendige Beschreibung der Herstellung eines Gemäldes enthält. Sie, die Malerphilosophen, nehmen eine Tafel her und reinigen den Malgrund. Das ist sozusagen der Rohstoff, die Stadt und die Sinnesart der Menschen, wie sie eben sind; verwendbar sind sie nur zu dem Gemälde der besten Stadt, wenn sie zuvor gereinigt werden. Dann gehen sie daran, die Form der Staatsverfassung im Großen zu untermalen. Jetzt erst wenden sie sich dem Einzelnen zu und malen die Skizze dicht aus, indem sie abwechselnd nach beiden Richtungen blicken, einmal auf die Urbilder, auf das von Natur Gerechte, Schöne, das Vernünftige und alles dergleichen, zum anderen auf das, was in den Menschen angelegt ist.«[36]

Der staatbauende Philosoph arbeitet *wie* der Maler, wie der bildliche Entwerfer. Mehr ist aus diesen Sätzen Platons kaum herauszulesen. Aber es steht dahinter eine Möglichkeit der Nobilitierung der Kunst, an die Platon kaum dachte. In der Renaissance konnte – in einem grandiosen Mißverständnis – daraus der Anspruch des Künstlers auf den eigentlichen Staatenbau abgeleitet werden. Alberti hat den Staat als Tafel benutzt, sie fein säuberlich abgewischt und dann darauf seinen Staat gezeichnet.

Seit Panofskys genialer Studie über die »Idea«, in der der geringe Einfluß

---

[34] B. Schweitzer, op. cit. 54.
[35] Politeia 500 d f.
[36] Siehe: B. Schweitzer, op. cit. 54.

des Platonismus auf die bildende Kunst des Quattrocento nachgewiesen wird[37], und in der auch ein Einfluß Platons auf Alberti geleugnet wird[38], besteht die Tendenz, vor allem die mittelalterlichen Einflüsse bei Alberti zu sehen. Dagegen ist nichts einzuwenden. Für einen direkten Einfluß Platons, vor allem durch die Politeia, spricht das Register bei Theuer[39], hinter der Edition der de re aedificatoria. Immer wieder wird hier Platons Staat zitiert – nicht in der direkten Kunsttheorie – aber als Vorbild für den Kunststaat, den Alberti errichten will.

Und alle Kunsttheorie Albertis dient ja nur der Errichtung dieses Staates.

Damit der Künstler sich aber anmaßen durfte, selbst, und nicht der Philosoph, den Staat zu bauen, mußte er aus einem Banausen zu einem Quasiphilosophen geworden sein. Und hier war tatsächlich im Quattrocento eine entscheidende Änderung eingetreten. Der enorme Rang, der schon im 15. Jahrhundert der bildenden Kunst zugemessen wird – nicht nur den sich emanzipierenden Künstlern, sondern auch den Auftraggebern – dokumentiert sich am besten in den Schriften Albertis. In der theoretischen Begründung befreit die Kunst sich aus dem traditionellen Schema der artes mechanicae. Das geschieht aber nur, weil bereits ein neuer Platz für sie frei ist. Er ist im Bereich der »eloquentia«[40]. »It is evident... that the status of painting, sculpture, and architecture could only be raised from the level of the mechanical to that to that of the liberal arts by their being given a firm theoretical, that is to say, mathematical foundation, and this emancipation was due to the artists of the Italian Renaissance. The importance of this achievement is often not sufficiently realized. It changed in every respect the character of the visual arts and had consequences for the future which cannot be nullified as long as the cultural tradition of Western Europe lives. By this admission of the visual arts into the circle of the liberal arts the artist rose in the eyes of the world from a manual worker, from a craftsman, to an intellectual worker.«[41]

»Federigo da Montefeltre spricht von der ›virtù dell' Architettura fundata in l'arte dell'aritmetica e geometria, che sono delle sette arti liberali e delle principali, perchè sono in primo gradu certitudinis, et è arte di gran scienza

37 E. Panofsky, Idea, 1960², 29.
38 Ebenda: Alberti soll Platon nur als Maler nennen.
40 P. Tigler, op. cit. 112.
41 R. Wittkower, The Artist and the Liberal Arts, 1952, 6.

et di grande ingegno, et da noi molto stimata et apprezzata‹.«[42] Der Aufstieg des Künstlers zum Wissenschaftler wurde aber immer zu einseitig als sozialer Aufstieg des Künstlers und seiner Künste gesehen[43]. Tatsächlich steht hinter dieser Emanzipation eine »Verwissenschaftlichung« und ein rhetorischer Anspruch, der nicht nur einen höheren Rang der Kunst erzwingt, sondern diese Kunst auch zum literarischen Gegenstand macht. Die Gleichsetzung des Künstlers mit dem »Orator« (des Cicero) beispielsweise, die Gleichstellung der Kunst mit der »eloquentia« ermöglicht jetzt den Typ der erdachten, fingierten, theoretischen Kunst auf der Basis des ebenfalls erdachten idealen Staates.

Seit Alberti sich als »Orator« fühlt, gibt es die Möglichkeit einer utopischen Kunst. Damit ist hier zum erstenmal der Begriff des Utopischen in Zusammenhang mit der bildenden Kunst eingeführt. Nach der versuchten Definition bedeutet »utopisch« hier: Vom idealen Staatsgebäude erzählend. Entscheidend ist nicht mehr die reale Möglichkeit der Kunstaufgabe, sondern die theoretische Möglichkeit, durch Eloquenz in der Kunst die Menschen zu guten Staatsbürgern zu erziehen und in der Kunst historische Denkmale zu schaffen, die pädagogisch wirken.

Die Apologie des Architekten bei Alberti führt uns zu dem neuen Anspruch dieses Architekten als geschichtsbildend. »Endlich sei noch gesagt, daß die Beständigkeit, das Ansehen und die Zier eines Gemeinwesens am meisten des Architekten bedürfe, der es bewirkt, daß wir Zeit zur Muße in Wohlbehagen, Gemütlichkeit und Gesundheit, Zeit der Arbeit zu aller Nutz und Frommen haben, um zu jeder Zeit gefahrlos und würdevoll leben zu können. Wir werden deshalb nicht leugnen, daß er im Hinblick auf das Vergnügen und die wunderbare Anmut seiner Werke, deren Notwendigkeit im Hinblick auf die Unterstützung und den Schutz durch seine Erfindungen und angesichts des bleibenden Nachruhms zu schätzen, zu ehren und unter die Vornehmsten zu zählen sei, welche sich um das Menschengeschlecht Ehr und Preis verdient haben.«[44]

»Gefahrlos und würdevoll« zu leben — das verweist zunächst auf den Verteidigungsbau und auf den Palast. In der Summe aller durch die Kunst des

---

[42] Tigler, op. cit. 114. Der Quellentext bei G. Gaye, Carteggio inedito d'artisti de secoli XIV, XV, XVI, 1830.

[43] Dazu P. Tigler, op. cit. 114.

[44] De re aed. Vorrede.

Architekten garantierten Annehmlichkeiten aber sehen wir etwas, was sonst nur der Herrscher bieten kann. Durch sein Regiment und durch seine Politik. »In den Zeiten, die von guten Menschen regiert worden sind, wird er einen Herrn erblicken, der in der Mitte seiner sicheren Bürger sicher wohnt, und eine Welt voll Gerechtigkeit und Frieden sehen; er wird sehen, wie der Senat in seiner vollen Würde waltet und den Trägern der Ämter ihre Ehre wird. Er wird innewerden, wie die reichen Bürger ihres Reichtums genießen, Adel und Bürgertugend erhöht werden, Ruhe und Wohlstand herrschen; Streitsucht, Willkür, Verderbtheit und Machtgier hingegen wird er ausgelöscht finden, und er wird einen Blick in das Goldene Zeitalter tun ...«[45]

Nur in Nuancen unterscheidet sich Macchiavellis Ansicht vom vollendeten Staat unter dem guten Herrscher von dem Albertis unter dem guten Architekten. Die auf altem Topos basierende Vorstellung vom Demiurg stellt jetzt den Architekten mit dem Politiker gleich, d. h. mit dem Rhetoriker. Um von der paradigmatischen Rolle des Künstlers zu einer wirklichen Herrscherrolle des Architekten zu gelangen, bedurfte es allerdings einer lateinischen Vermittlung.

Schon bei Cicero war die Gleichsetzung der platonischen »Idee« »mit einer dem Geist des Malers oder Bildners innewohnenden ›Künstlerischen Vorstellung‹«[46] vollzogen worden. Im »Orator« ist der »vollkommene Redner« »Idee«, die wir nicht in der Erfahrung antreffen, sondern nur im Geiste. »... so sehen wir die Gestalt der vollkommenen Beredsamkeit allein im Geiste und suchen nur ihr Abbild mit den Ohren aufzufassen. Diese Formen der Dinge nannte Platon ... Ideen.«[47] »Es leuchtet ein, daß eine solche Wendung des platonischen Denkens (die sich kaum erst im Geiste Ciceros vollzogen hat) nur unter einer doppelten Voraussetzung möglich war: Es mußte sich sowohl der Begriff vom Wesen der Kunst, als der Begriff vom Wesen der Idee in einem unplatonischen, ja antiplatonischen Sinne verschoben haben.«[48] Panofsky machte deutlich, wie schon in der klassischen römischen Zeit sich der Künstler aus dem platonischen Zwang befreit hatte und in Umkehrung des Idea-Begriffes zum Verkünder einer — möglichen — Wahrheit

45 N. Macchiavelli, Discorso sopra la prima decade di Tito Livio, I.
46 Panofsky, Idea, 8.
47 Cicero, Orator ad Brutum I, 7.
48 Panofsky, Idea, 6.

wurde. Jetzt im Quattrocento wird dieser Vorgang wenn nicht wiederholt, so doch noch einmal erlebt.

Von hier aus ergibt sich ein sehr alter Zusammenhang zwischen der paradigmatischen Funktion der Kunst und der »Idee« als dem nun eigentlichen Kunstinhalt. So konnte das Modell zu einem ersten Kunstwerk werden. Es dürfte nicht zufällig sein, wenn in mehreren Bildern der Renaissance Künstler vor den Herrscher treten und ihm ein Modell überreichen[49]. Die Emanzipation des Künstlerstandes und der Wert des Modells als Ausdruck der eigentlichen Invention und künstlerischen Leistung findet hier einen Ausdruck.

Ein nochmaliger Vergleich mit dem Mittelalter bietet sich an. Auch da gab es Stifterbilder, auf denen Gott oder der Madonna ein Bau oder eine ganze Stadt überreicht wurde, angeboten wie vom Künstler das Modell dem Herrscher. Der ikonographische Zusammenhang ist klar. Aber auch der Unterschied. Es ist letztlich der Unterschied zwischen Himmelsstadt in der Kirche und Utopia: Das einemal handelt es sich um eben um ein »simile«, ein Symbol im Abbild, das anderemal um eine künstlerische Fiktion, eine »Idee« im neuen, jetzt sogar modernen Sinn.

Alberti plant, so wie bei Platon der Philosoph, einen neuen Staat. Der Architekt ist bei ihm der Demiurg. Dies geht aus einer anderen seiner Schriften deutlich hervor. Im »Momus«[50], einem etwas weitschweifigen und nicht immer witzigen Konglomerat von Mythologie und Allegorie, in dem nicht nur die alten Götter vorkommen, sondern auch Fraus, Fama und Stupor und wo am Ende alles hinausläuft auf eine Abhandlung über die beste Staatsform, nimmt die Geschichte im 4. Buch eine eigenartige Wendung. Nachdem im Olymp wie auf Erden ob der Taten des Momus große Verwirrung herrscht, erwägt Jupiter, ob er nicht überhaupt eine neue Welt erschaffen soll. Lange wird überlegt, wie diese einzurichten sei. Man fragt die Philosophen auf Erden. Diese wissen auch keine rechte Antwort. Apoll, auf die Erde gesandt, kommt mit ihnen nicht zurecht. Allerdings trifft er Platon nicht an, »weil er sich beständig in seiner Republik aufhält, die er selbst gegründet hat.«[51] Schließlich kommen alle Götter gemeinsam auf die Erde herunter. »Giove era il primo ad ammirare le grosse ed innumerevoli colonne di mar-

---

[49] Siehe dazu: A. Chastel, Art et humanisme a Florence au temps de Laurent le Magnifique, 1959, 131.

[50] »Momus o del Principe«, geschrieben zwischen 1443 u. 1450.

[51] Ebenda.

mo pario, veri pezzi di montagne, opera gigantesca, e, osservandole, stupiva che esse, molte ed immense com'erano, avessero potuto essere trasportate ed erette in quel luogo: benché se le vedesse davanti agli occhi, diceva che un'opera di quel genere non era possibile, e non finiva mai di guardare estaticamente e di lodare. S'accusava nel suo intimo di sciocheria e d'ottusità per non essersi rivolto *agli artefici di quell'opera meravigliosa, piuttosto che ai filosofi.*«[52] In mancher Hinsicht dürfte dies die interessanteste Stelle des Buches sein. Der Ausfall gegen die Philosophen ist nicht neu. Neu dagegen ist, daß jetzt dem Künstler die Möglichkeit zugestanden wird, eher noch als den Philosophen, eine Welt zu errichten. Er ist damit auch eine moralische Instanz geworden. Der Künstler macht Ernst mit der bei Platon angedeuteten Möglichkeit: Die Tafel frei zu wischen und auf ihr den neuen Staat zu entwerfen. Während Platon selbst weiterhin in seiner »kunstfremden« Republik bleibt. Gleichwie die realen Möglichkeiten waren – in der Intention zumindest ist eine neue Zeit angebrochen.

Das neue hedonistische Ziel, durch den architektonischen Staat das glückselige Leben auf Erden zu erreichen zeichnet sich auch im Schönheitsbegriff Albertis ab.

»Um die allgemeine Anerkennung und Bewunderung des Bauwerkes noch zu befestigen und zu erhöhen, sollen sich die einzelnen Glieder desselben auch so aneinander reihen, daß nicht in einem allein aller Schmuck aufgewendet erscheint, während die anderen ganz vernachlässigt sind; sondern sie sollen untereinander so zusammenpassen, daß das Ganze eher als ein einheitlicher Körper als eine verzettelte und zerstreute Zahl von Gliedern erscheint. Denn wie sonst überall, so loben wir auch hierin weder die allzugroße Nüchternheit, als wir die ungezügelte Bauwut tadeln. Mäßig sollen die Glieder sein und zu dem Zwecke, den du vor Augen hast, notwendig. Denn die Baukunst, wenn du richtig zusiehst, ging von der Notwendigkeit aus. Ihre Annehmlichkeit nährte sie, der Brauch ehrte sie. Das Ende war, daß sie nach dem Vergnügen ausblickte, obwohl das Vergnügen niemals vor allen Unmäßigkeiten zurückschreckte.«[53]

Der Weg, den der architektonische Hedonismus einschlägt, ist ein anderer als

---

[52] Zitiert nach der kritischen Ausgabe von G. Martini, 1942, 274.
Es sei noch angemerkt, daß der »Momus« etwa gleichzeitig mit dem Architekturtraktat geschrieben wurde.

[53] De re aed. 2, 3.

man zunächst erwarten möchte. Es wird sogar vor dem Vergnügen der zu reichlich angewandten schönen Formen gewarnt. Und es wird dagegen ein recht modern anmutender architektonischer Funktionalismus vertreten: Die Form soll von der Notwendigkeit ausgehen. Nun finden sich Spuren des Begriffes der »Convenienza« schon im Mittelalter, etwa bei Vinzenz von Beauvais[54]. Schon bei diesem gibt es eine Trennung zwischen Ornament und Bausubstanz, zwischen Gefallen und Gebrauch, zwischen schmückendem Beiwerk und kernhaft Wesentlichem[55]. Erst bei Alberti jedoch ist daraus eine Antithese geworden. »Aber so wenig Alberti vermochte, die tief von ihm begriffene Dialektik des Schönen, Einheit zu sein trotz Widerstand, auf die Totalität des Kunstwerks, statt nur auf seine Form anzuwenden, so wenig vermag er mit der Energie solchen Denkens jene beiden Definitionen zu verbinden.«[56] Die »Zweckmäßigkeit« aber konnte nur zu solcher Würde erhoben werden, weil jetzt, im neuen Staatenbau, jedes einzelne Haus in seinem Wert nur noch bemessen werden kann nach dem Maße, in dem es seiner Aufgabe gerecht wird. Von dieser Aufgabe soll unten noch ausführlicher die Rede sein. Noch scheint das mittelalterliche Ordnungsprinzip durch den Funktionalismus hindurch. Erst jetzt aber besteht die Möglichkeit einer Ästhetisierung des »ordo«, nachdem aus dem transzendentalen Verweis ein Beitrag zur menschlichen Glückseligkeit geworden ist. »Man dachte, daß der Reiz der Schönheit sich niemals von der erstrebten Zweckmäßigkeit getrennt oder ausgeschlossen fände.«[57] Nun hatte sich bereits Cicero darüber gewundert, daß Schönheit und Zweckmäßigkeit, die ihrem Begriff nach nebeneinander stehen, ihrem Dasein nach immer verbunden seien[58]. Alberti erst nahm die wirkliche Verknüpfung vor. Seitdem gibt es eine moderne Kunsttheorie.

Eine Geschichte dieser modernen Kunsttheorie ließe sich wohl am leichtesten zeichnen anhand des gedachten Verhältnisses vom Ornament zur Architektur. »Sicher ist das Ornament für die Schönheit ein hilfreiches Licht und gewissermaßen ihre Ergänzung. Nach meinen Ausführungen halte ich es für ersichtlich, daß die Schönheit etwas ist, das in sich beruhend und

---

[54] Das »Speculum doctrinale« des Vinzenz erschien gedruckt erst 1472 in Straßburg und 1494 in Venedig, so daß eine direkte Beeinflussung nicht unbedingt anzunehmen ist. Siehe dazu: E. R. de Zurko, Alberti's Theory of Form and Function, The Art Bulletin 1957, 143.

[55] Vinzenz, Speculum doctrinale, Venedig 1494, 160–173.

[56] I. Behn, Leone Battista Alberti als Kunstphilosoph, 1911, 25.

[57] De re aed. 6, 3.

[58] Cicero, De oratore III, 45 f. Siehe auch: Behn 91.

notwendig durch die schöne Form gleichmäßig ausgegossen ist; während das Ornament eher etwas Anhängendes und lose Verbundenes zu sein scheint, als notwendig und wesentlich.«[59] »Diese Wahrheit, die in Alberti zum erstenmal aufkeimt, findet viel später erst ihre Entfaltung. Denn noch bei Kant tritt die Schönheit, da sie im allgemeinen formal gefaßt wird, in ihrer sinnlichen Existenz nur als anhängend, als Schmuck auf. Albertis Definition ergibt den Oberbegriff für den symbolischen Schmuck ...«[60]. Diese Feststellung Behns wäre unmöglich ohne die kunsttheoretische Auflösung der Verbindung von Architektur in Tektonik und Symbol, wie sie im 19. Jahrhundert bei Bötticher in der Nachfolge Schopenhauers stattfand[61]. So gibt es bei Alberti neben einer »Schönheit der objektiven Zweckmäßigkeit« eine »formale Schönheit« (um eine etwas unbeholfene Formulierung Behns anzuwenden[62]).

Mit anderen Worten: In der Schönheit Albertis spiegelt sich noch die Vollkommenheit der Schöpfung – aber gleichzeitig ist die Nabelschnur zu dieser hin durchschnitten. Die Kunst kann jetzt, da sie den Wert ihrer Schönheit nur noch formalistisch oder in der guten Funktion erklären kann, Surrogat des Paradieses sein.

Daraus ergab sich aber auch eine bislang unbekannte Weite der Möglichkeiten und vor allem der Intentionen. Damit konnte der Künstler nach allem auf Erden greifen. »Rather is it true that the Renaissance was to the wandering between two worlds, one, not dead, but declining; the other, not powerless to be born, but as yet embryonic. Indeed one of the chief notes of the whole period is its complexity and completeness of intention, its not abandoning old form even while forging new ones.«[63] Jemehr die Ästhetik der Renaissance als säkularisierte Form mittelalterlicher Metaphysik und als *noch* mittelalterlich im Sinne eines Glaubens an das Paradies einen neuen praktischen Anspruch auf Gestaltung des Paradieses auf Erden erhob, mußte sie mehr und mehr theoretischen Charakter annehmen. Daraus sollte schließlich auch die Utopie als Roman vom vollendeten Staat entstehen.

Durch Albertis literarisches Werk zieht sich, wie Gosebruch gezeigt hat,

---

59 De re aed. 6, 2.

60 Behn, op. cit. 94.

61 Siehe: H. Bauer, Architektur als Kunst, Probleme der Kunstwissenschaft I, 1963, 147 ff.

62 Behn 94.

63 K. E. Gilbert und H. Kuhn, A History of Esthetics, 1956, 167.

ein Zentralbegriff, der typisch ist für die frühe Renaissance. Es ist der der »Varietas«, der Vielfalt als Ideal[64]. Albertis Schriften sind (nach Gosebruch) wie die gleichzeitige Kunst, schwerpunktsfeindlich. Vor allem aber »steht uns ›varietas und copia‹ in einem übergegenständlichen Sinn als Symbol über dem Inhalt der Schriften Albertis und scheint uns einen Stil der Wirklichkeitserfahrung zu bezeichnen, den wir in Analogie zum Stilphänomen der gleichzeitigen bildenden Kunst verstehen können.«[65] Wird unter einem solchen Aspekt das Bild eines idealen Staates zu errichten versucht, so wird dieser in eben einer vielfältigen Gestaltung nicht nur ein abwechslungsreiches Bild im Formalen, sondern auch ein weitgehend universelles im Inhaltlichen bieten. Tatsächlich ist das ideale Staatsgebilde Albertis vielfältig anzusehen im Sinne einer neuen Universalität. Von mittelalterlichen Universalsystemen unterscheidet es sich durch einen fehlenden Stufenbau. Alles ist in seiner Vielfältigkeit Ausdruck eines einheitlichen Wollens. Die Staatstheorien von Platon und Aristoteles, Seneca und Cicero und die archäologischen Erkenntnisse aus Vitruv und Plinius sind ebenso berücksichtigt wie die Scholastik. Die antike Wurzel dieses Begriffes der »Varietas« ist unschwer zu bestimmen[66]. Wie soll aber diese Relativierung aller Erscheinungsformen der Welt und der Geschichte zu verstehen sein? Die Antwort geben Albertis Schriften. Sie sind Ausdruck des Glaubens an die Macht des Ästhetischen. Diese Macht ist jedoch wesentlich pädagogischer Art. Innerhalb dieses Pädagogischen kann alles gleichmäßig Gegenstand der Eroberung und Erkenntnis der Welt sein. »All Albertis investigations are directed toward mankind, and every type of knowledge is brought together within human scope.«[67] Alles bei Alberti kreist um die Tugend und die Erziehung zur Tugend als Grundlage des glücklichen Lebens. Seine »De iciarchia« beispielsweise handelt davon: »di quanto spetti al buon principe, e del onde conseguire le sociali virtù, e fuggire il vizio.«[68] In sokratischem Dialog wird beschrieben, wie der junge

---

64 M. Gosebruch, ›Varietà‹ bei L. B. Alberti und der wissenschaftliche Renaissancebegriff, Zeitschr. f. Kunstgesch. XX, 1957, 229 ff.

65 Ebenda 230.

66 Gosebruch (233) zeigte, wie hier vor allem Cicero in Frage kommt.

67 E. Garin, Enciclopedia universale dell'Arte, op. cit., s. v. Alberti.

68 Ed. A. Bonucci, Opere Volgari di Leon Battista Alberti, III, 1845, 5.
Im 3. Buch erläutert Alberti den Titel der Schrift: »Orsù lasciamo le cose pubbliche, seguiamo il proposito nostro. Di'? questo, come lo chiameremo? Poniangli nome tolto da' Greci. ICIARCA vuol dire supremo uomo e primario principe della famiglia sua.«
»De iciarchia«, »the final summation among Alberti's moral treatises« (Garin) ist von 1470.

Mann zur Tugend gelangen könne, um Teil des guten Staates zu werden. Eine Abhandlung über dieses Problem ist nicht zu Unrecht »La società come arte«[69] überschrieben. Bei Alberti selbst heißt es: »Giovani, le virtù vostre piacciono a costoro, e a me sono gratissime più che qualunque cosa quale io potessi mai desiderare. E simile i vostri gesti, i vostri buoni costumi e bontà piaceranno a chi le coniscerà essere in voi, massime quando lui sia qual siete voi, buono, e amatore della virtù. Al musico dilletta udire un buon musico. Al pittore piace vedere una bene definita pittura. A ciascuno rende voluttà la perfezione di quelle cose quale ello ama.«[70]

Der Glaube an die Macht der Nachahmung erfährt hier einen neuen, positiven Sinn. »Il giovane dell'Alberti non trascura di atteggiare il volto, il portamento, il vestire, le movenze come le parole: tutto è assoggettato alla stessa volontà dominatrice di cercare la lode e la benevolenza altrui.«[71]

Von hier leitet sich – in naheliegender Umkehrung platonischer Meinung bei Beibehaltung des platonischen Prinzips – ein neuer pädagogischer Anspruch des Schönen und der Kunst ab. Der Staat ist ein (architektonisches) Kunstwerk, das Nachahmung zum Guten bewirkt. In der Haltung der Bewohner, ihrer Sitten, ihrer Kleider. In der Hochrenaissance dann, etwa im »Cortegiano« Baldassare Castigliones wird die pädagogische Macht wesentlich eingeengt sein auf die ästhetische Erscheinung der Person. Hier bei Alberti ist das Bild des vollkommenen Mannes, bei Platon ein Beispiel, Selbstzweck geworden. Da die vollkommene Stadt diesen Mann gebiert und ihm das glückliche Leben ermöglicht, sind Mensch und Kunst untrennbar geworden. Wie das Bild dem Maler gefällt, so gefällt der tugendhafte Mensch und erhält Lob vom tugendsamen Menschen. Unter diesem Aspekt des pädagogischen Eros bei Alberti werden alle anderen Fragen nach seiner Kunst zweitrangig. »Renaissance humanism as such was not Christian or pagan, Catholic or Protestant, scientific or antiscientific, civic or despotic, Platonist or Aristotelian, Stoic Epicurean, optimistic or pessimistic, active or contemplative, although it ist easy to find for any of these attitudes, and for many others, a certain number of humanists who favored them. What they all

---

[69] V. B. Brunelli, Leon Battista Alberti e il Rinnovamento pedagogico nel Quattrocento, 1925. Überschrift S. 91.

[70] Deiciarchia, Bonucci III, 94.

[71] Brunelli 106. Verweis auf Deiciarchia 72 ff.

have in common, is something else: a scholarly, literary, an educational ideal based on the study of classical antiquity.«[72]

Bei Alberti ist sogar die Antike als Ideal nicht primär, sondern die beste Möglichkeit, in ihren Formen das edukative Ideal zu verwirklichen. Die Antike ist ihm Ersatzbild für das entschwundene Himmlische Jerusalem. Aber sie ist es als jetzt faßbare Geschichtlichkeit. Geschichte als pädagogische Instanz und Vorbild des Staates und des Bürgers ersetzt jetzt die einst über der Civitas schwebende Himmelsstadt. »Bei Alberti findet sich (erstmalig in der ersten Hälfte des XV. Jahrhunderts) der Gedanke einer Idealkonstruktion antiker Baukomplexe, ausgehend von der Stadtanlage; nur ihm schwebte die Vision einer utopischen Architektur all'antica vor.«[73]

Albertis »Zehn Bücher von der Architektur« entwerfen einen kompletten Staat, architektonisch geplant vom Boden bis zum Dach. Die hohe Auffassung von den Aufgaben des Architekten und vom Sinn der Architektur wird aber immer wieder verziert von einer Rhetorik, auch am Rande der bloßen Rederei. So sind seine Abstecher ins römische Augurentum art pour l'art. So sieht dies wenigstens von der Kunstgeschichte her aus. Der Traktat, immer wieder als Architekturlehre und als solcher von möglichen Vorbildern abgeleitet, ist jedoch primär ein literarisches Gebilde. Dies läßt sich auch von seiner Genese her nachweisen. Weil immer die kunsthistorische Praktikabilität aus dem Traktat herausdestilliert wurde, übersah man dessen allgemeinen topischen Charakter. Sowohl in der Einteilung wie im panegyrischen Ton erinnern die »Zehn Bücher« an die alte Gattung des »Städtelobes«.

»Lange bevor das italienische Volk sich als solches zu verstehen imstande war, gediehen die ersten Keime lokalpatriotischen Empfindens auf dem Boden der oberitalienischen Städte. Auch in dieser Hinsicht wird die entscheidende Rolle offenbar, welche die Stadt ›come principio ideale‹ in allen Bereichen des geschichtlichen Lebens in Italien gespielt hat. Während das ganze Land von Machtkämpfen zerrissen wird und weite Gebiete Jahrzehntelang in völlige Anarchie versinken, zeigt sich schon seit dem 8. Jahrhundert in den Städten jener zähe Lebenswille, dem die Kommune ihren glanzvollen Aufstieg in späteren Jahrhunderten verdankt. Seinen literarischen Ausdruck findet das erstarkende städtische Selbstbewußtsein in der Gattung des Städte-

---

[72] P. O. Kristeller, Studies in Renaissance Humanism during the last twenty years, Studies in the Renaissance IX, 1962, 22.

[73] P. Tigler, op. cit.

lobs, die sich bereits in der Antike großer Beliebtheit erfreut hatte und nun aus dem Bedürfnis des sich seiner Leistung bewußten Bürgertums nach Selbstdarstellung wieder gepflegt wird.«[74] Nach einer festen antiken Tradition, in der genaue Regeln dieses Städtelobes ausgearbeitet wurden[75], gibt es seit dem 8. Jahrhundert eine lange Reihe solcher Lobreden bis ins 15. Jahrhundert. Die berühmteste ist wohl die auf Florenz von Leonardo Bruni (geschrieben als Verteidigung gegen Giangaleazzo Visconti[76]). Nun sind Verbindungen von Alberti zu Bruni nachweisbar (im Kampf um die neue Literatur und Sprache)[77].

Nur nebenbei sei bemerkt, wie wichtig diese »Laudationes« sind als Tradierung einer nie abreißenden Wertschätzung der antiken Reste in den Städten. So etwa in einem um 800 entstandenen »Versus de Verona«: »Unter den Sehenswürdigkeiten der Stadt nennt die Beschreibung auch die antiken Baudenkmäler, die Arena (›altum laberintum magnum per circuitum‹), das Forum, die heidnischen Göttertempel, wobei der fromme Verfasser seinem Erstaunen darüber Ausdruck gibt, daß Heiden so schön haben bauen können. Während hier die Zeugen aus der römischen Vergangenheit mehr oder weniger als Kuriosa betrachtet werden, gewinnt die Erinnerung an die Antike, insbesondere an Rom, schon bald auch eine ideelle Bedeutung für das Selbstverständnis der Städte.«[78] Die Rolle der Mirabilien-Literatur muß dabei nicht eigens erwähnt werden.

Schon in dem ersten nachantiken Lobgedicht, dem von einem Mailänder Kleriker verfaßten auf Mailand von etwa 739[79] gibt es eine feste Reihenfolge in den Gegenständen des Lobes: Es werden gerühmt: 1. Die Lage in

---

74 A. Buck, Zur Geschichte des italienischen Selbstverständnisses im Mittelalter, Medium Aevum Romanicum, Festschrift für H. Rheinfelder, 1963, 64. Die zitierte Stelle aus: C. Cataneo, La città considerata come principio ideale delle istorie italiane, Ed. Belloni 1931.

75 Generell dazu: T. C. Burgess, Epideictic Literature, Studies in Classical Philology III, 1902, 89 ff.

76 Siehe dazu: H. Baron, The Crisis of the early Italian Renaissance, 1955, Cap. II. Brunis »Laudatio« ist, nach Barons weitschweifiger Darlegung, nach 1402 geschrieben.

77 Ebenda 308: »Three well-known names in particular – Leon Battista Alberti, Lorenzo di Medici, and Christoforo Landino – may stand for the phases through which Brunis openminded notion of the equal right of every language developed into a humanistic theory capable of justifying and encouraging the rise of a new Florentine literature in the vernacular.«

78 Buck, op. cit. 66.

79 L. Traube, Karolingische Dichtungen, 1888, 114. Siehe dazu auch: E. R. Curtius, Europäische Literatur und lateinisches Mittelalter, 1948, 164. Und: Buck, 65.

fruchtbarer Ebene; 2. Tore, Türme und Mauern; 3. Forum, Straßenpflaster, Bäder; 4. Kirchen; 5. Frömmigkeit der Bewohner; 6. Heiligengräber; 7. Ambrosius und spätere Bischöfe; 8. Pflege von Wissenschaft, Kunst, Liturgie; 9. Wohlstand und Wohltätigkeit der Bewohner; 10. die Regierung König Luitprands; 11. Erzbischof Theodor II.; 12. Leistungen der Bürger im Kampf gegen die Ungläubigen.

Das Schema hält sich – mutatis mutandis – bis Bruni. Und Alberti. Denn dessen »Zehn Bücher von der Architektur« sind nicht zuletzt ein Lobgedicht, teilweise sogar noch dem jahrtausendealten Schema folgend. Nur daß die Stadt jetzt nicht mehr eine historische Individualität ist, sondern eben die ideale Stadt schlechthin. Die rhetorische Topik hat sich hier verselbständigt und sich einen eigenen Gegenstand erfunden.

Aus welchem Anlaß solche »Laudationes« auch immer geschrieben wurden, apologetisch, ruhmrednerisch oder selbstbewußt, sie verhalten sich zum Gegenstand ihres Lobes so, wie die mittelalterlichen Stadtansichten und Pläne zur tatsächlichen Stadt. Sie breiten über diese ein ideales Schema. So wie aus den idealen Stadtplänen schließlich der Idealstadtplan werden konnte, wurde bei Alberti aus der »Laudatio« der Städte das Ruhmgedicht seiner erfundenen Stadt. Damit ist noch nichts gesagt gegen alle anderen Vorbilder Albertis, vor allem gegen Vitruv. Damit ist nur der rhetorische und literarische Charakter auch seines Architekturtraktates festgestellt.

Im dritten Buch des »Momus«[80], wo man im Olymp über den Neubau der Welt berät, wünscht Juno sich mehrere solcher Welten von verschiedener Form, die man dann auch wieder vernichten könnte, wenn man sie satt hätte. Der Plan wird als lächerlich verworfen. Es gibt bei Alberti nur *eine* Kunst. Hier ist schön zu verfolgen, wie die Kunst kanonisch zu werden versucht. Was sie sein muß, wenn sie edukatives Instrument sein will. Hier wird aber auch etwas anderes deutlich: Eine literarische, humanistische Distanzierung von der Problematik. Der »Momus« endet als ein Fürstenspiegel. Gleichzeitig endet alles im Olymp wie das Hornberger Schießen. Jupiter, nach erfolglosen Planungen und nach der Einsicht, daß die Künstler auf Erden unten am besten zum Weltenbau geeignet waren, sucht, wie ein Pensionär, krampfhaft nach einer Beschäftigung und rückt schließlich nur noch im Olymp die Stühle hin und her. Diese Travestie der Ersatzhandlung gehört mit zu den

[80] Ed. Martini 158.

besten Stellen des Buches[81]. Hier wird, im olympischen Spiegel nicht zuletzt die Sinnlosigkeit mancher ästhetischer Bemühungen karikiert.

Phantastik und Skurrilität beim klarsten aller Architekten des Quattrocento geben einige Rätsel auf. Die vehemente Freude an der Mystifikation steht am Beginn seiner literarischen Beschäftigung. Der »Philodoxeus« von 1426 wurde als das Werk eines bis dato unbekannten antiken Autors ausgegeben[82]. Es ist eine Allegorie auf das menschliche Leben. »The dramatis personae in this work are not human beings but personifications of abstract concepts; significantly, it is Chronos, Time, the father of Eletia, Truth, who succeds in revolving differences and overcoming difficulties. Here we have in embryo the whole character of Alberti's thought: fanciful and dramatic, more felicitous in its ›images‹ and dialogues than in the treatises, shot through with a bitter irony, marked by a taste for the paradoxical and a fondness for the pseudonym and for anonymity, tending to speak from behind a mask that is alternately that of comedy and that of tragedy, or sometimes even assuming the guise of a prophet or astrologer . . . We should remember that several of Alberti's writings, going under the names of ancient or modern writers, were disseminated throughout Europe, were the objects of researches by Erasmus, and were frequently connected with Lucian, the author whom Alberti both admired and imitated, though he himself was often more profound.«[83]

Damit sind zwei wichtige Namen gefallen. Lukian und Erasmus. Seltsam — auch die Utopier im Utopia des Thomas Morus waren von den Späßen Lukians sehr begeistert. »Luciani quoque facetiis ac lepore capiuntur.«[84] Und wenn man auch nicht so weit gehen will wir Förster, der nicht nur des Erasmus »Lob der Narrheit«, sondern auch die Utopie des Morus als aus Lukians Geist entstanden ansieht[85], so ist doch der Einfluß des letzteren nicht zu unterschätzen. Erasmus und Morus waren befreundet. Die »Utopie« entstand in der direkten Nachbarschaft des Erasmus. Und dieser wiederum sammelte die Schriften Albertis.

Das alles im Schatten Lukians.

---

81 Ed. Martini, Ende des Buches.

82 Siehe E. Garin, Enciclopedia universale dell'Arte, op. cit, s. v. Alberti.

83 Ebenda.

84 Siehe dazu R. Förster, Lucian in der Renaissance, Archiv f. Literaturgesch. XIV, 1886, 347.

85 Ebenda.

1436 widmete Lapo di Castiglionchio Alberti seine Übersetzung der »Sacrificia«[86]. Um 1440 Guarino Veronese die lateinische Übertragung von μυίας ἐγκώμιον[87]. »Ses modèles, ici, sont avant tout les Grecs. Tântot il emprunte à Lucien ses allégories compliquées et ses fictions olympiennes. Par ex., dans le dialogue Fatum et Fortuna, entre les Ombres et le Philosophe; ou dans Virtus, dialoque, entre Mercure et la Vertu.«[88] Die »Theogonie« wird als teilweise Imitation Lukians und teilweise Ciceros angesehen[89].

Was aber ist die Mythologie als Allegorie in den Dichtungen Albertis? Die Realität der Figurationen ist bestimmt von der Wirklichkeit eines pädagogischen Ethos und zugleich vom literarischen Witz. Ihr Leben verdanken sie einem Paradoxon. Der allegorische Olymp, in dem die Probleme der Tugend und des Staates abgehandelt werden, ist, wie auch bei Lukian, keine Wirklichkeit im Glauben. Es gibt ihn nicht. Es sei denn als Utopia. Er ist ein Bezirk der erzählenden Fiktion, des Phantastischen. Daß Albertis Theorie von der Tugend und vom besten Staat basieren soll auf einem nicht nur ungeglaubten, sondern auch belachten Olymp, das scheint uns heute unverständlich. Und doch gibt es eine Erklärung. Gerade die ungeglaubten Götter, die Götter eben aus Lukian, sind bei Alberti so tauglich zur Darlegung eines moralischen Systems, weil sie sich beliebig abstrahieren und vergewaltigen lassen zu allegorischen Gebilden. Weil sie nichts anderes sind als Literatur.

In seiner Einleitung zu den »Wahren Geschichten« schreibt Lukian: »Da ich nun der Eitelkeit nicht widerstehen kann, der Nachwelt etwas Ähnliches (wie die alten phantastischen Erzählungen) auch von mir zu hinterlassen, damit ich nicht allein auf die Freiheit des Fabulierens verzichten muß, und da ich nichts Wahres zu erzählen habe (was ich im Leben erfahren habe, ist nicht der Rede wert), so habe ich mich zu einer viel aufrichtigeren Art zu lügen entschlossen als die andern: ich sage doch wenigstens eine Wahrheit, indem ich zugebe, daß ich lüge.«[90]

Die Rahmenhandlung der künftigen Utopien wird darin bestehen, auf mehr oder weniger subtile Weise dem Leser klarzumachen, daß hier insoferne die Wahrheit gesagt wird, als man zugibt zu lügen. Der Erzähler Hyth-

86 F.-P. Luiso, Studi sull'epistolario e le traduzioni di Lapo da Castiglionchio juniore, Studi italiani di filologia classica, VII, 1899, 282.
87 Siehe die Alberti-Vita Mancinis 258.
88 P. H. Michel, La pensée de L. B. Alberti, 1930, 122.
89 E. Aubel, L.-B. Alberti, 37.
90 Wahre Geschichten, 2–4.

lodeus bei Morus sagt von sich, er sei über das Meer gefahren wie Odysseus oder besser wie Platon[91]. Das heißt: Hier wird der platonische Traum erzählt und es wird festgestellt, daß es sich um Phantasie handelt. Ähnlich beginnt die Utopie Andreaes: Der Verfasser wagt sich aufs neue auf das »mare academicum« hinaus, um denjenigen zu finden, den er im Reiche der Tyrannei, der falsch berühmten Kunst und der Heuchelei bisher nicht fand[92]. Warum beginnen überhaupt fast alle Utopien mit einer Seefahrt und einem Schiffbruch? Natürlich muß man übers Meer fahren, um fremde Länder zu entdecken. Aber E. R. Curtius machte darauf aufmerksam, daß die Schiffahrt, das Segelsetzen, das Fahren aufs Meer hinaus ein antiker Topos für Dichten ist[93]. »Die Segel setzen« heißt: Zu dichten beginnen.

Es handelt sich in einem solchen Romanbeginn also um den gleichen Anfang wie in Lukians »Wahren Geschichten«. Unlesbar, aber vorhanden, steht vor dem literarischen Werk Albertis immer ein ähnlicher Anfang. Der von der eingestandenen Lüge. Selbst vor seinem Architekturtraktat. Denn auch in diesem ist die Rede von einem idealen Staat, den zu erreichen es einer langen Reise bedarf: Durch die antike Baukunst.

Die Liste der Übersetzer Lukians in der Renaissance führt in den direkten Bereich der utopischen Staatskonzeption. Sie reicht von Poggio über Erasmus, Pirckheimer, über Melanchthon bis Morus[94]. Morus übersetzte den »Lügenfreund«. Mit Pirckheimer kommen wir in die Nähe Dürers, von dem es auch utopische Projekte gibt.

---

91 Die vielen Ausgaben und Übersetzungen machen es schwierig, die richtige Ausgabe zu zitieren; da wir hier die deutschen Zitate geben, zitieren wir hier nach der letzten deutschen Übersetzung, Ed. Heinisch, 1960. Weil diese auch als Taschenbuch leicht greifbar ist. Ergänzungen oder Korrekturen werden eigens vermerkt.
Ed. Heinisch 18.

92 Johann Valentin Andreae, Rei publicae christianopolitanae descriptio, Straßburg 1619. Zitiert aus der deutschen Ausgabe von 1741, Reise nach der Insel Caphar Salama und Beschreibung der darauf gelegenen Republik Christiansburg, cap. I.

93 Siehe Curtius, op. cit. 136 f. »Die römischen Dichter pflegen die Abfassung eines Werkes einer Schiffahrt zu vergleichen. ›Dichten‹ heißt ›die Segel setzen, absegeln‹ (vela dare, Virgil, Georgica II, 41.) ... Der Dichter wird zum Schiffer, sein Geist oder sein Werk zum Kahn. Seefahrt ist gefährlich, besonders wenn von einem unerfahrenen Schiffer (rudis nauta; Fortunat Leo 114, 26) betrieben ... die Schiffahrtsmetagraphern gehören ursprünglich der Poesie an. Einem Dichter schreibt Plinius (ep. VIII, 4, 5): ›Löse denn die Taue, stelle die Segel und verstatte deinem Genius freie Fahrt!‹«
Auch im Mittelalter, noch bei Dante, ist diese Metapher üblich (Curtius 137).

94 Siehe Förster, op. cit. 347.

Die sublimierte Lüge und der moralische Anspruch der allegorischen Erzählung verbinden sich hier zu einem entscheidenden Wesenszug der humanistischen Renaissance. »Nirgendwo« wird zu einem »Irgendwo« im Glauben an die Macht der Erfindung.

So bestehen Albertis Anweisungen an die Maler, soweit sie die möglichen Inhalte betreffen, aus Anweisungen zur allegorischen Fabel. »Gut wird er (der Maler) dann tun, sich fleißig mit Oratoren und Dichtern zu beschäftigen. Diese haben viele künstlerische Mittel mit dem Maler gemein, und da sie reich an Kenntnis vieler Dinge sind, so werden sie von großer Hilfe für die treffliche Komposition eines Geschichtsbildes sein, dessen erster Ruhm in der Erfindung (der Fabel) besteht. Von welchem Belang dies ist, ersehen wir daraus, daß schon die schöne Erfindung für sich allein, ohne malerische Darstellung, anmutet. Man lobt jene Beschreibung, welche Lukian von der ›Verleumdung‹, die von Apelles gemalt wurde, gibt. Es scheint nicht außerhalb meines Themas zu liegen, sie hier wieder zu erzählen, um die Maler aufmerksam zu machen, welche Sorgfalt sie auf die Erfindung zu wenden haben.«[95] Es folgt die genaue Beschreibung der Allegorie, die dann tatsächlich auch, von Botticelli, so gemalt wurde.

»So werden wir, mehr lernbegierig als gewinnsüchtig, von unseren Dichtern mehr und mehr der Malerei förderliche Dinge erlernen.«[96] Die Anlehnung an einen allegorischen »fatto storico« erfolgt nicht nur, weil er signifikante und darstellbare Begriffe zu bieten imstande ist, sondern auch weil er ein »Geschichtsbild« als Erzählung bietet.

Nun ist aber gerade bei dem hier erwähnten Vorbild Lukian, vor allem in den »wahren Geschichten« der phantastische und utopische hellenistische Roman bereits parodiert. Lukian schämt sich, wenn die Dichter uns »die Verstümmelung des Uranos, die Bande des Prometheus, die Empörung der Giganten und die ganze Tragödie der unterirdischen Welt mit allen Umständen vorerzählen, und wie Jupiter aus Liebe den Stier oder Schwan gespielt oder wie diese oder jene aus einem Mädchen in einen Vogel oder in eine Bärin verwandelt wurde, nicht zu reden von den Flügelpferden, Chimären, Gorgonen, Zyklopen und anderen dergleichen unglaublichen Wundermärchen,

---

[95] Alberti, Della pittura, Ed. H. Janitschek, L. B. Albertis kleinere kunsttheoretische Schriften, 1877, 144 ff.

[96] Ebenda 146.

die zu nichts taugen, als kleine Kinder zu täuschen, die sich noch vor dem Kindergespenst oder dem Nachtmahr fürchten.«[97]

Ungeglaubter Mythos, phantastische Lüge, Parodie, Allegorie als moralischer Aufruf, Kunsttheorie als Möglichkeit einen neuen Staat zu entwerfen – das alles vermengt sich bei Alberti in Abhängigkeit von der Antike. Wie aber sollen wir das noch verstehen?

Eine Lösung des Rätsels bietet sich an in einer Bestimmung des Charakters der Allegorien-Rezeption in der frühen Renaissance.

In den »Camaldolensischen Gesprächen« Christoforo Landinos[98] disputieren Lorenzo Medici und sein Bruder Giuliano mit dem Verfasser und mit Marsilio Ficino, vor allem aber mit Alberti vier Tage lang über den tieferen Sinn von Virgils Aeneis. Wortführer ist dabei Alberti. Und obwohl die ihm hier zugeschriebene Meinung sicherlich im Wesentlichen die des Verfassers ist, so ist es doch kein Zufall, daß gerade er hier als Hauptdisputator eingeführt wird. Das Ergebnis der Unterhaltungen ist eine allegorische Auslegung des Epos, die nichts mehr zu tun hat mit dem eigentlichen Sinn der virgil'schen Dichtung. Aus geographischen Etappen der Reise des Aeneas werden drei Lebensarten, aus den Irrfahrten ein Symbol der moralischen Verirrungen und aus dem Ganzen eine Überlegung über das beste Leben im Staat. Unter Einfluß der Scholastik[99] wird die mittelalterliche Allegorese, der Streit um den Wert der vita activa und vita contemplativa auf dem Rücken der antiken Mythologie ausgetragen. Das Ergebnis ist »eine bewußte Illusion, im Sinne der damaligen Zeit gesprochen, eine geistreiche Paradoxie.«[100]

Erstaunlicherweise ist Alberti dabei Verfechter des Wertes der vita contemplativa. »Lorenzo, als der Sohn eines Großkaufmanns und künftiger Herr von Florenz, tritt ihm mit aller Entschiedenheit entgegen und sucht den einseitigen Intellektualismus Albertis an der Hand einiger Gleichnisse ad absurdum zu führen. Vor allem durch das Gleichnis von der Stadt. Er nimmt an, es sei eine Stadt erbaut worden und ein kluger Mann lasse nur die als Be-

---

97 Lukian, Der Lügenfreund, Anfang.

98 Christophori Landini Florentini ad Illustrem Federicum Principem Urbinatum disputationum Camaldulensium lib. IV. Das Manuskript in der Laurenziana in Florenz, Spec. lit. Florent. saec. XV, II 192. Ed. N. de Almania, o. J.
Siehe dazu: E. Wolf, Die allegorischen Vergilerklärungen des Cristoforo Landino, Neue Jahrbücher für das klassische Altertum, XXII, 1919, 453 ff.

99 Wolf, op. cit. 466.

100 Ebenda 479.

wohner durchs Tor, die sich über ihre beabsichtigte Tätigkeit genügend auszuweisen vermögen. ›Wenn nun unter dieser Schar euer Philosoph auftaucht, der seiner Muße lebt, Maulaffen feilhält, der nur für sich allein da ist und sich in seiner Bibliothek verkriecht, niemals ausgeht, niemanden grüßt, und weder in privater noch in öffentlicher Tätigkeit etwas leistet, welche Rolle sollen wir dem im Gemeinwesen zuteilen?‹ ... Er kommt wie eine faule Drohne zum fremden Honig. Wenn nicht jeder sein Teil beiträgt, kann der Staat nicht bestehen. Besonders schlimm ist es aber, wenn die Philosophen sich ihm entziehen. Was nützt ihre Weisheit, wenn sie keinen Gebrauch davon machen![101] Am Schluß faßt Lorenzo seine Meinung in die Worte zusammen: ›Wenn alle Philosophen, die jemals gelebt haben, die Ansicht vertreten, daß wir zum geselligen Leben innerhalb der menschlichen Gemeinschaft geboren sind, so verdient weder den Namen Mensch, wer nicht Bürger ist, noch den Namen eines Bürgers, wem das Wohl des Staates, in dem er geboren ist, nicht am Herzen liegt.‹[102] Albertis Gegenargumente gipfeln in dem Hinweis auf ein zeitgenössisches Beispiel, den Mathematiker und Physiker Paolo Toscanelli aus Florenz, an dem man sehen könne, daß das beschauliche Leben nur scheinbar keinen praktischen Wert schaffe. Ein Staatswesen, meint er, kann nicht bestehen ohne die in den Gesetzen zum Ausdruck kommende Tugend der Bürger, und diese ist das Ergebnis der durch sorgsame Forschung zu gewinnenden Vernunfterkenntnisse. Das Ideal ist und bleibt allerdings die Vereinigung beider Seiten menschlichen Seins; Beispiele sind Herkules, Cicero, der Apostel Paulus und Federigo von Urbino. ›Ein Gott ist unter den Menschen, wie es bei Maro heißt, wem es gelang, der Dinge Ursprung zu ergründen. Aber als den größten und hervorragendsten Menschen sehe ich den an, der richtig zu handeln versteht.‹«[103]

Über die Scholastik sucht Landino nach dem platonischen Herrscherphilosophen[104]. In einer anderen Abhandlung, »De vera nobilitate«[105], in der

---

101 Fol. b 3 v ff.

102 Fol. b 6 r.

103 Wolf, op, cit. 466 f.

104 Ebenda 466.

105 Codex Corsinianus 433 (Bandini, Specimen II, 195). Ein Teilabdruck findet sich bei E. Garin, Testi inediti e rari di Christoforo Landino e Francesco Filelfo, 1949. Einen Mikrofilm der Handschrift stellte uns freundlicherweise Herr Dr. Müller-Bochat, Frankfurt zur Verfügung.
Während die Camaldulenser-Gespräche von ca. 1475, sind, ist»De vera nobilitate« von etwa 1469 (Garin 10 f).

Alberti ebenfalls auftritt, »una costruzione della città terrena sul modello rigoroso della città platonica«[106], wird festgestellt, daß wir ohne den Philosophen nicht glücklich werden können. Der Philosoph lehrt die Tugenden, diese Tugenden aber erscheinen wiederum als Personifikationen, als Figuren aus dem Olymp: »Nullae enim opes nullae copiae civitatem constituunt constitutumque conservant et nobilem reddunt, nisi ii soli gubernatores accedant, qui virtutibus omnibus accumulati per summam virtutem omnia administrant. Assit igitur imprimis prudentia. Assit iustitia. Assit fortitudo. Assit temperantia ex quibus tamque ex sole verum lumen, vera nobilitas resulget . . .«[107] An der folgenden langen Abhandlung über diese Tugenden, die in einer allegorischen Erklärung des Herkules-Mythos endet[108], wird deutlich, wie der personifizierte moralische Begriff als doch noch gleichsam aus Fleisch und Blut die Bausteine zum idealen, platonischen Staat auf Erden herbeitragen hilft.

In der »città di vita«[109] des Matteo Palmieri, einem dantesken allegorischen Conglomerat, aufgebaut wie eine Stadt, geschrieben wieder in direkter Nähe zu Alberti, sehen wir in etwa das gleiche: Einen Entwurf des besten und glücklichen Staates, gebaut aus moralischen Elementen, so wie mit Steinen, von Grund an und nach einem festen Plan, aber dieser Staat gleicht einem antiken Forum, auf dem zu Dutzenden die Tugenden als Figuren, nicht lebend aber auch nicht bloßer Begriff, eben wie Stein, die Architektur bevölkern.

Die ideale Civitas wird mehr und mehr zu einem literarischen Gespinst, eben Utopie. Wie in den Cebes-Tafeln, die jetzt bald immer wieder eine Illustration erfahren werden, bevölkern Tugenden und Laster die Stadt, ist der Stadtaufbau ein Stufenbau des Weges zu diesen Tugenden – aber eben keine wirkliche Stadt, sondern literarisches Schema.[110] So errichtet auch Alberti seinen Staat. In den philosophischen Schriften durch einen allegorischen

---

106 Garin 11. Hergestellt kann dieser Staat nur werden durch die Nobilitas. In ihr ergibt sich auch ein Ausgleich zwischen vita activa und vita contemplativa.

107 Codex Corsinianus fol. 43 r.

108 Abgedruckt bei Garin, Testi, op. cit. 24 ff.

109 Libro del Poema Chiamato Citta di Vita Composto da Matteo Palmieri Florentino, MS Laurentiana XL 53. Ed. M. Rooke, 1928, Smith College Studies in Modern Languages. Siehe dazu auch: G. Saitta, L'Umanesimo, I, 1949, 372 f.

110 Die κέβετος Πίναξ aus dem 1. Jhd., ein Gemälde, das vor einem Tempel durch einen Greis einigen Fremden erklärt wird, ist ein allegorischer Apparat in Form einer Stadt. Siehe: Reallexikon zur deutschen Kunstgeschichte, III, 1954, 383.

Aufruf, in den »Zehn Büchern von der Architektur« als Idealbild, in dem die Allegorien ersetzt sind durch rekonstruierte antike Formen. Aber diese Formen sind in ihrem moralischen Anspruch genauso zu verstehen, wie die als Personifizierungen aufgefaßten Götter. Als Aufruf besser zu sein und sich dem Vorbild anzuschließen. Vorbilder sind die Götter, als Tugenden aufgefaßt. Vorbilder sind die antiken Formen, als Fundament der Allegorien aufgefaßt.

Damit ist ein Kunstgebäude errichtet, das eigentlich Dichtung ist und das Eingeständnis der Lüge (nach Lukian) provoziert. Ein Ideal wird fixiert, inveniert und gleichzeitig als »nur« Erfindung deklariert. Daraus entstand die Utopie als literarische Gattung. Der Anspruch auf eine neue Konzeption der Civitas und der Welt löst sich im Kunstgebilde auf und deklariert sich auch als Kunst. Wenn von der antiken Utopie geschrieben wurde: »Es läßt sich nichts dichten und nichts denken, das nicht gelebt und erlebt ist«[111], so muß diese Binsenwahrheit vor der Utopie versagen. Vor der Dichtung, die sich als solche bekennt.

Antworten auf diese Paradoxie gibt Sir Philip Sidney in seiner »Defense of Poesie«: »But even in the most excellent determination of goodnesse, what Philosophers councaile can so readily direct a Prince, as the feined Cirus in Xenophon, or a vertuous man in all fortunes: as Aeneas in Virgill, or a whole Common-wealth, as the Way of Sir Thomas Moores Eutopia. I say the Way, because where Sir Thomas Moore erred, it was the fault of the man and not of the poet: for that Way of patterning a Common-wealth, was most absolute though hee perchaunce hath not so absolutely performed it.«[112] Dem Mann, dem wir auch eine »Arcadia« verdanken[113], waren die Unterschiede deutlicher als uns heute. »For the question is, whether the fained Image of Poetrie, or the reguler instruction of Philosophie, hath more force in teaching? Wherein if the Philosophers have more rightly shewed themselves Philosophers then the Poets, have atteined to the high toppe of their profession (as in truth Mediocribus esse poetis non Dii, non homines, non concessere columnae) it is (I say againe) not the fault of the Art, but that by fewe men that Art can be

[111] E. Salin, Platon und die griechische Utopie, 1921, 3.

[112] Sir Philip Sidney, The Defense of Poesie, erstmals gedruckt 1595, Ed. A. Feuillerat, 1923, 15.
Siehe auch: R. Gerber, Utopian Fantasy, 1955, 5.

[113] Siehe: R. W. Zandvoort, Sidney's Arcadia, 1929. Dort auch über den politischen Aspekt des Buches.

accomplished ... Truly for my selfe I see before mine eyes, the lost childs disdainful prodagilitie, turned to envy a Swines dinner: which by the learned Divines are thought not Historical acts, but instructing Parables. For conclusion, I say the Philosopher teacheth, but he teacheth obscurely, so as the learned onely can understand him, that is to say, he teacheth them that are alreadie taught. But the Poet is the food for the tendrest stomacks, the Poet is indeed, the right populer Philosopher.«[114]

Man wird an die Meinung von Albertis Jupiter im »Momus« erinnert. Bezeichnend ist außerdem, daß die Überlegungen zum Wert des Dichtens auch bei Sidney im Dunstkreis der Staatskonzeption zu finden sind. Wieder steht auch die »Idea« im Mittelpunkt: »... for everie understanding, knoweth the skill of each Artificer standeth in that Idea, or for conceit of the worke, and not in the worke it selfe. And that the Poet hath that Idea, is manifest, by delivering them foorth in such excellencie as he had imagined them: which delivering foorth, also is not wholly imaginative, as we wont to say by thẽ that build Castles in the aire: but so farre substancially it worketh, not onely to make a Cyrus, which hat beene but a particular excellency as nature might have done, but to bestow a Cyrus upon the world to make many Cyrusses, if they will learne aright, why and how that maker made him.«[115]

»Viele Kyrusse zu machen« — das könnte über jeder Allegorie der Renaissance stehen. Herkules, Mars, Virtus, ja selbst Venus zu vervielfachen — das ergäbe den utopischen Staat. Der Glaube an die Macht des Paradigmas scheint ungeheuer groß gewesen zu sein. Anders ist das Vertrauen in das Modell als Kunstwerk und die Naivität, mit der das Modellhafte eingestanden wird, nicht zu erklären.

Fasziniert von der genialen Erscheinung Albertis hat die Kunstgeschichte übersehen, daß dessen Architektur die Konstruktion einer Civitas nach rhetorischem Schema ist und wie eine allegorische Verkörperung anzusehen ist: als Imagination pädagogischer Ideen.

Das Himmelsbild der ewigen und glücklichen Stadt ist zwar säkularisiert, auf die Erde geholt, aber es ist jetzt ein literarisches Bild. So wird es auch verständlich, daß es bei ihm kein Gesamtbild des idealen Staates gibt als grundlegendes Konzept seiner Kunsttheorie. Seine Anschauung über den Staat,

---

114 Ed. Feuillerat 15 f.

115 Ebenda 43.

über dessen Architektur, über Erziehung und Vorbilder, muß summiert werden aus den gesamten Schriften. Vitruv, Städtelob, Platonismus, pädagogischer Eros nach den alten Römern, lukianische Phantastik und Ironie gegenüber den alten Göttern, Allegorie als doch wieder Glaube an die Kraft der Moral, treffen hier zusammen.

Die literarische Fixierung des Staatenideals gleicht aber auch, eben weil es sich um einen schrankenlosen Entwurf handelt, einer Kodifizierung. Die Erfindung als solche wird zugegeben, aber in dieser Erfindung macht sich eine Ausschließlichkeit breit, die nicht zuletzt diese Erfindung als Kunstwerk kennzeichnet. Das Kunstwerk kennt keine Alternativen. Es ist rigoros.

Die Staatskonzeption Albertis, Kunstwerk in vielerlei Form, sei es als Allegorie oder architektonischer Vision, ist keine Philosophie, sondern Dichtung oder Architektur (wenn auch nur in Bruchstücken realisiert). Um mit Sir Philip zu reden. Da in dieser Kunst von Kunst die Rede ist, entsteht von nun an das Problem der Kunst in der Kunst. D. h. der Kunst als erdichtet, erfunden wie sonst etwas. Es gibt jetzt »utopische« Kunst. Kunst in der Kunst der Erzählung.

Und weder Malern noch anderen, die Gestaltungen herstellen, war es hier, Neuerungen zu treffen oder anders als das von den Vätern Überkommene auszusinnen, gestattet
Platon, Nomoi

V

HIEROGLYPHE UND ALLEGORIE ALS »UTOPISCHE« KUNST

Die Kunst, die Jupiter im »Momus« Albertis bewunderte, war die antike. Es war auch die Kunst Albertis selbst. Es war eigentlich eine zeitlose Kunst. *Die* Kunst.

Im Zusammenhang mit seiner Attacke gegen die bildende Kunst gelangte Platon im Entwurf seines Staates zur Konstruktion einer überhistorischen Kunst. Ausgehend von den möglichen guten oder schlechten Wirkungen der Mimesis, der Nachahmung in der Kunst, heißt es hier (anläßlich des Verbotes von Chören in Ägypten): »Schon längst nämlich, scheint es, gelangten sie zu der Ansicht, die wir jetzt aussprechen, daß die Jünglinge in den Städten sich gewohnheitsmäßig schöner Körperwendungen und schöner Gesänge befleißigen müssen. Nachdem sie das angeordnet, gaben sie auch in ihren Tempeln zu erkennen, welche das und wie beschaffen sie etwa seien. Und weder Malern noch anderen, die Gestaltungen herstellen, war es hier, Neuerungen zu treffen oder anderes als das von den Vätern Überkommene auszusinnen, gestattet und ist es ihnen jetzt ebensowenig, weder darin noch in irgend etwas zur Tonkunst gehörigem.

Und wenn du nachforschst, wirst du vor zehntausend Jahren – und das nicht wie man so zu sagen pflegt, sondern wirklich vor zehntausend Jahren – Gemaltes und Nachgeformtes dort finden, welches die Kunsterzeugnisse des heutigen Tages an Schönheit weder übertrifft noch ihnen nachsteht, sondern vermöge derselben Kunst entstanden ist.

Der Athener: Gewiß einer guten Gesetzgebung und Staatsverfassung überaus würdig; doch findet man dort wohl auch anderes Verwerfliches. Aber das, was auf die Musik sich bezieht, hat seine Richtigkeit und es verdient Beachtung, daß es sonach in dergleichen Dingen möglich war, durch feste Gesetze das anzuordnen, was seiner Natur nach auf das Rechte hinführt.«[1]

Das Erstaunliche an dieser Äußerung zum Kunstproblem oder zur Kunstpolitik besteht weniger in einem Glauben an eine Reglementierung der Kunst durch Gesetze, als in dem Glauben, daß Kunst sich wie ein Gesetz fixieren lasse und so, kodifiziert, legislativ verharren könne. Wir haben hier vor uns eine Setzung von Kunst wie in juristischer Kodifizierung, einem solonischen Akt. Diese Anschauung ist nicht identisch mit der auch sonst oft wiederkehrenden Überzeugung von der Möglichkeit einer Reglementierung der Kunst durch Kunstgesetze. Es ist vielmehr der Glaube an eine Identität von Inhalt und Form, der Glaube, daß bei gleichbleibendem Inhalt die Form ebenfalls unwandelbar sein müsse, und daß mit der inhaltlichen Vorschrift auch die Form festgesetzt sei.

Ein einmal richtig formuliertes Kunstwerk wird zur Nachahmung zugelassen, so, wie das einmal endgültig formulierte Gesetz befolgt werden muß. In der Konsequenz geht das noch hinaus über eine — im platonischen Strahlungsbereich erfolgte — solche Nachahmung von Kunstwerken in der Kopie der byzantinischen Acheiropoeten. Die Ikone ist ein Geschenk des Himmels. Das zur Nachahmung zugelassene ägyptische Kunstwerk Platons ist ein Gesetz.

Der Anspruch, den Platon an die Kunst stellt, scheint seinen Grund in der Faszination vor der Signifikanz des Zeichens zu haben, des Zeichens als direkte Anweisung an den Nachahmenden.

Kein Wunder, daß die Renaissance, in ihren Bemühungen, durch die Kunst und in der Kunst eine neue Welt zu schaffen, auf diesen platonischen Concetto stieß. Der Versuch, die rasch aufblühende und enorme Begeisterung für die Hieroglyphen (oder das, was man dafür hielt) zu verstehen, darf nicht bei der Feststellung stehenbleiben, daß es sich dabei um eine Dokumentation der humanistischen Vorliebe für das Enigmatische handle. »Ihre Art der Aufzeichnung aber, deren sich hier die Ägypter bedienten, werde auf der ganzen Welt von erfahrenen Leuten, denen ja allein man Wichtiges mitzuteilen habe, sehr leicht ausgelegt werden können[2]«, meint Alberti. Um dann alle-

---

[1] Nomoi 656 d.

[2] De re aed. 8, 4.

gorischen Bildungen das Wort zu reden. Völlig unerheblich ist dabei die zunächst lächerliche Tatsache, daß man die Hieroglyphen gar nicht lesen konnte.

In seinem Kommentar zu den Plotinischen »Enneaden« bemerkt Marsilius Ficinus über die Hieroglyphik, durch sie »hätten die ägyptischen Priester etwas dem göttlichen Denken Entsprechendes schaffen wollen, da ja die Gottheit das Wissen aller Dinge nicht als eine wechselnde Vorstellung, sondern gleichsam als die einfache und feste Form der Sache selbst besitze.«[3]

»Mit der griechischen Lehre von der Freiheit künstlerischer Anschauung entnahm die Renaissance das ägyptische Dogma des künstlerischen Zwanges. Beide Anschauungen mußten in einem durch geniale Künstler zunächst zurückgedrängten Kampfe liegen und die letztere siegen, sobald hieratischer Geist die Welt beherrschte.«[4] In dieser Charakterisierung durch Giehlow, einen der besten Kenner dieser Materie, wird evident, wie wenig das 19. und frühe 20. Jahrhundert, das in der Renaissance den Ort des künstlerischen Genies sah, den Hang dieser Renaissance zur Kodifizierung der Kunst zu verstehen imstand war. Das Paradoxon von Zwang und Freiheit ist nur ein scheinbares. So mußte sich die Renaissance, obwohl man zumindest den sog. »Horapoll«[5] kannte, ihre ewigen Zeichen, die »Hieroglyphen« neu erfinden. Um den Bereich, in dem dieses Erfinden stattfand, näher zu bestimmen, müssen wir weiter zurückgehen.

Zu den Vorläufern des utopischen Romanes gehört das Buch von den »Reisen John Mandevilles«, gegen 1360 geschrieben, eine fingierte Weltreise, in der alles besucht wird, was seit langem sagenhaft Gegenstand der Odysseen war.[6] Gegen Ende des VII. Kapitel ist hier die Rede von den ägyptischen Pyramiden und wird die Vermutung geäußert, diese seien keine Kornkammern, wie man vielfach glaubte, sondern Gräber. Anschließend wird ein korrumpiertes ägyptisches Alphabet zitiert[7]. Die Annahme, daß es sich dabei um ein Interesse des Mandeville-Autors an Geheimschriften und ihrer diplomati-

3 Siehe dazu: W. Benjamin, Ursprung des deutschen Trauerspiels, Schriften, I, 1955, 294.

4 K. Giehlow, Die Hieroglyphenkunde des Humanismus in der Allegorie der Renaissance besonders der Ehrenpforte Maximilian I., Jahrbuch d. kunsthistorischen Sammlungen des Allerhöchsten Kaiserhauses 32, 1915, 12.

5 Eine Zusammenfassung der neueren Forschung gibt der Artikel »Egypten« von E. Hubala Reallexikon zur deutschen Kunstgesch., IV, 750 ff.

6 Ed. Hamelius, 1919. Zur Datierung Kommentarband Hamelius 144. Siehe auch: A. Bovenschen, Untersuchungen über Johann von Mandeville und die Quellen seiner Reisebeschreibungen, Zeitschrift der Gesellschaft für Erdkunde, 1888.

7 Siehe Hamelius, op. cit. 21.

schen Praktikabilität handle[8], trifft wohl nicht den Kern der Sache. Liegt hier nicht ein sehr tief liegender Zusammenhang zwischen der Suche nach dem unveränderlichen (und auch natürlich geheimnisvollen) Zeichen und der Suche nach der anderen Welt und nach dem Punkt, wo Geschichte noch keine Geschichte war, vor?

So wird auch die Hieroglyphe als gesetzesgleiche Norm der Mimesis im utopischen Staat eine große Rolle spielen, weil sie offensichtlich die Möglichkeit bietet, wie eben Gesetze einen unveränderlichen Sinngehalt zu tradieren. So, wie es in Utopia keine Geschichte geben soll, soll auch die Kunst nicht Geschichte machen, sondern vom Ursprung her unveränderlich sein.

So taucht in der italienischen Renaissance die Hieroglyphe faszinierend auf (besser das, was man darunter verstand), als man daran dachte, in der Kunst einen idealen Staat zu errichten. Alberti kannte die Diodor-Übersetzung des Poggio[9], wo die Hieroglyphen erwähnt und beschrieben werden und dies fand einen Niederschlag in seinem Architekturtraktat[10]. Unter seiner Führung hatten Bernardo Rucellai, Lorenzo Medici und Donato Acciaiuoli in Rom die Ruinen besichtigt und dabei auch den Obelisken im Circus Maximus[11]. Matteo de Pastis Medaille Albertis zeigt auf der Rückseite eine »Hieroglyphe«. Filarete (von dem noch zu handeln sein wird) schreibt vom gleichen Obelisken: »Dort stand im Mittelpunkt ein Obelisk, der mit ägyptischen Buchstaben bedeckt war. Diese sind früher gebräuchlich gewesen; sie werden durch lauter Figuren, sei es von Tieren – wie Eulen, Schlangen und dergleichen – oder von anderen Dingen – wie Sägen, Augen usw. – gebildet. Nur sehr wenige wissen sie zu deuten. Der Poet Francesco Filelfo sagte mir, ein jedes Tier bedeute eine Sache, z. B. die Schlange den Neid. Übrigens werden diese Zeichen wie unsere Buchstaben aneinander gereiht.«[12]

Filelfo selbst hatte den »Horapoll« studiert, wie aus einem Brief (an Scalamonti) hervorgeht. »Denn die Ägypter nannten heilige Buchstaben diejenigen, in denen sie mit gewissen Tieren und Zeichen die Worte selbst bezeichneten, so daß sie z. B. einen Aal malten und einen Neidischen meinten und

---

8 A. Meister, Anfänge der modernen diplomatischen Geheimschrift, 1912, 18.

9 1. Buch, cap. 27 u. 55.

10 De re aed. 8, 4.

11 B. Rucellai, De urbe Roma. Siehe dazu L. Volkmann, Bilderschriften der Renaissance, 1923, 10 ff.

12 Antonio Averlino Filaretes Tractat über die Baukunst. Ed. W. von Oettingen, Quellenschriften für Kunstgeschichte und Kunsttechnik des MA u. d. Neuzeit, NF, III, 1890.

den Neid, aus dem Grunde, weil der Aal mit anderen Fischen keine Gemeinschaft hat...«[13]

Es eröffnete sich eine neue Möglichkeit der Kunst. Eine neu entdeckte Welt mit all der Vielfalt ihrer Dinge begann zu sprechen — und gleichzeitig sollten diese Dinge etwas anderes sein als sie waren. Sie sollten Stellvertretungen sein für Gedachtes. Dieses Gedachte aber sollte unveränderlich richtig sein im Zeichen der Dinge. Das gleiche Paradoxon finden wir im utopischen Staat des Morus. Von diesem konnte nur geschrieben werden, weil das Zeitalter der Weltentdeckung angebrochen war. Was aber auf der so schwer zu findenden Insel gefunden wurde, das ist eine Allegorie eines Staates.

»Das auffallendste Phänomen der ›Renaissance‹, dasjenige, das diesen Namen im ausgesprochensten Sinn zu tragen verdient, ist die bildliche Wiedergeburt der antiken Götter und Halbgötter, der Göttermythen und -gestalten. Seit 1460 bis 1470 steht mehr und mehr gleichwertig neben der christlichen Bilderwelt eine Welt antiker Mythologeme. Die so naheliegende Frage, was das Erscheinen dieser Bilderwelt zu bedeuten habe, worin der ›Daseinsgrund‹ dieser Bilder zu suchen sei, ist erstaunlicherweise noch immer unbeantwortet, ja im Grunde kaum noch gestellt.« »Die Frage nach der ›raison d'être‹ dieser Bilderwelt ist also primordial. Ihre gelungene Beantwortung müßte wesentliche Aufschlüsse über den inneren Gehalt dieser ›Renaissance der antiken Götterbilder‹ bringen.«[14] Nähert man sich von der leichter zu beantwortenden Frage nach dem Sinn der Hieroglyphe der Frage dieser Götterbilder (die, wie Burckhardt schon erkannte[15] wesentlich Allegorien sind), so wird zumindest die Richtung deutlich, in der eine Antwort zu suchen ist. Zunächst sind die Götter kaum eben Götter, sondern Allegorien. Obwohl dies nicht einfach apodiktisch zu behaupten ist. Sie sind zunächst die Heiligen eines säkularisierten Himmelsstaates.

Wir verdanken W. Benjamin eine geniale Analyse der Allegorie als Dialektikum. »Jede Person, jedes Ding, jedes Verhältnis kann ein beliebiges anderes bedeuten. Diese Möglichkeit spricht der profanen Welt ein vernichtendes doch gerechtes Urteil: Sie wird gekennzeichnet als eine Welt, in der es aufs Detail so streng nicht ankommt. Doch wird ... ganz unverkennbar, daß jene Requisiten des Bedeutens alle mit eben ihrem Wesen auf ein anderes

---

[13] Francisci Philelphi epistolae, Venedig 1502, 34.
[14] H. Sedlmayr, Zur Revision der Renaissance, Epochen und Werke, I, 1959, 205 f.
[15] Ebenda 206.

eine Mächtigkeit gewinnen, die den profanen Dingen sie inkommensurabel erscheinen läßt und sie in eine höhere Ebene hebt, ja heiligen kann. Demnach wird die profane Welt in allegorischer Betrachtung sowohl im Rang erhoben wie entwertet. Von dieser religiösen Dialektik des Gehalts ist die von Konvention und Ausdruck das formale Korrelat. Denn die Allegorie ist beides, Konvention und Ausdruck; und beide sind von Haus aus widerstreitend. ... Auch hier eine dialektische Lösung. Sie liegt im Wesen der Schrift (selber). Von der offenbarten Sprache nämlich läßt ohne Widerspruch ein lebendiger, freier Gebrauch, in welchem sie nichts von ihrer Würde verlöre, sich denken. Nicht so von deren Schrift, als welche die Allegorie sich zu geben sucht. Die Heiligkeit der Schrift ist vom Gedanken ihrer strengen Kodifikation untrennbar. Denn alle sakrale Schrift fixiert sich in Komplexen, die zuletzt einen einzigen und unveränderlichen ausmachen oder doch zu bilden trachten. Daher entfernt sich die Buchstabenschrift als eine Kombination von Schriftatomen am weitesten von der Schrift sakraler Komplexe. Diese prägen in der Hieroglyphik sich aus.«[16]

Obwohl Benjamin mit diesen Bemerkungen auf das barocke Trauerspiel zielt, läßt sich sehr ähnliches von der Renaissancekunst sagen. Die Seite des Bedeutens ist bei dieser einer gesuchten göttlichen Offenbarung zugewendet, an ihrer Stelle wird jedoch das Surrogat der antiken Kunst eingeführt. Die Seite der Nachahmung ist gleichzeitig wie nie zuvor auf die erlebbare Natur gerichtet. Schon vom platonischen Paradigma des »vollkommen schönen Mannes«, Apolls in Menschengestalt, her bietet die Konvention der Form auch die Möglichkeit zur kodifizierten Norm. Der nackte, vollendet schöne Menschenkörper ist, wie die Natur, eine Entdeckung der Renaissance. Seine Legitimation erfährt er jedoch dadurch, daß Apoll oder Herkules in diesen schlüpft. Es handelt sich dabei um einen viel tieferen Vorgang als um die Schaffung eines Vorwandes für die Darstellung des Nackten oder umgekehrt um die menschliche Einkleidung eines bloßen Begriffes. Es handelt sich eben, wie Benjamin feststellte, um ein Dialektikum: Die profane Welt oder, besser gesagt, die neuentdeckte, große und herrliche Welt wird durch die allegorische Kunst im Rang erhoben als etwas dem göttlichen Denken entsprechendes und entwertet, weil damit diese Welt wieder zu einem utopischen Gebilde wird.

---

[16] W. Benjamin, op. cit. 298 f.

Das Wort utopisch ist dabei nicht leichtsinnig gebraucht, sondern als historisch gewonnen. Denn, wie sich zeigen läßt, ist nirgends die Hieroglyphe und Allegorie von solcher Relevanz wie im utopischen Staat. Vor allem aber ist Utopia selbst ein allegorisches Gebilde, die Staatsallegorie der Renaissance. Das zeichnet sich schon, wie wir sahen, bei Alberti ab. Bei ihm ist alle Empirie, was den Bau der Civitas betrifft, sogleich zur Norm geworden und signifikant. Zugleich ist diese Civitas rhetorisch wie die Allegorie, oft nur ein Hilfsmittel, seine Philosophie von der Virtus zu illustrieren, wenn nicht allegorisch zu formulieren.

Wir nähern uns damit wieder dem Problem der nicht nur rhetorischen Fiktion, sondern auch der reinen Erzählung. Im »Momus«, gleichzeitig zum Architekturtraktat geschrieben, einer allegorischen Erzählung, ist auch die Rede von der schönen Stadt auf Erden. Sie ist, wie der Olymp, allegorisches Gebilde. Sinnbild der menschlichen Möglichkeiten in der Kunst. So wie dabei aber vom Glanz der Architektur auf Erden die Rede ist, so liest es sich auch in den »Zehn Büchern von der Architektur«. Daß wir eine richtige Spur verfolgen, das zeigen die Auswirkungen dieses Traktates.

... non minus etiam plures philologi cum Graecorum sapientibus multa deliberantes secretos cum his videbuntur habere sermones, et ad summam sapientium scriptorum sententiae corporibus vetustate florentes cum insunt inter consilia et disputationes, maiores habent, quam praesentium sunt, auctoritates omnes.

Vitruv, 9. Buch

VI

FILARETE UND DER ARCHITEKTURTRAKTAT ALS ROMAN

In der Argumentation im Streit über den Wert der Poesie wurde — bei gleichzeitiger Aufwendung aller dazugehörigen Topoi — sogar ins Feld geführt, daß Vitruv bedauert habe, daß er seine »göttliche Architektur« nicht habe dichterisch darstellen können.[1] Ein Eingehen auf das Problem des Paragone, des, vor allem seit Leonardo die Geister bewegenden Streites zwischen den Künsten, ist hier unmöglich. Wichtig ist hier mehr, daß der Gedanke auftauchen konnte, die Dichtung könne auch die Architektur ersetzen.

Denn in die Tat wurde diese Ansicht von Antonio Averlino, genannt Filarete, umgesetzt. Dessen 1464 vollendeter Architekturtraktat, der in seinem Inhalt weitgehend dem von Alberti geprägten Schema folgt, bringt in zweierlei Hinsicht eine Neuerung.[2] Zum einen ist die Lehre von der Baukunst an einem einzigen, immer gleichen Stadtprojekt dargelegt; zum anderen ist die Geschichte dieser Stadt innerhalb einer romanhaften Rahmenhandlung erzählt.

Nach einer Einleitung, in der, wie bei Alberti, von der Würde des Architekten die Rede ist und »von dem Ursprung der Gebäude ... und von der Ähnlichkeit der Gebäude mit dem Menschen«[3], gelangt Filarete zu einer

---

1 Es handelt sich um eine Stelle in einem 1627 anonym erschienenen »Panegyrico por la poesia«. Siehe dazu Curtius, op. cit. 532 ff. Besonders 539.

2 Wir folgen in der Untersuchung über Filarete dabei den Daten und auch vielen Ergebnissen P. Tiglers, op. cit.
Die Zitate aus Filarete sind alle nach der Textedition von Oettingens, op. cit.; im folgenden Ed. Oettingen genannt.

3 Ed. Oettingen 66.

Einteilung seiner Bauwerke und zur Erläuterung seiner Regeln, die er an der Stadt darlegt. »Um das Verfahren und die Regeln für das Bauen darzustellen, würden manche vorziehen, (mit der Besprechung) kleiner Gebäude zu beginnen, und dann, ordnungsgemäß weitergehend, die größeren vorzunehmen. Ich aber habe mir ausgedacht, eine ganze Stadt zu gründen und zu erbauen; und in dieser werden wir sämtliche zu ihr gehörigen Gebäude aufführen, und zwar jedes nach den Vorschriften und Maßen, die für dasselbe passen und sich ziemen.«[4]

Aus dem auch bei Alberti manchmal zu findenden Futurum ist jetzt Fiktion geworden. Das »wir werden« bezieht sich jetzt nicht mehr auf die Möglichkeit des Bauens, sondern im Fortschreiten des Traktates auf die Fortschritte des fingierten Projektes. »Jetzt also gedenke ich mit dem Plane der besagten Stadt zu beginnen; ich werde ihn den ›averlianischen‹ nennen. Die Stadt selbst nennen wir ›Sforzinda‹. Wir werden sie bauen wie die Figur sie zeigt (als Textzeichnung) (nämlich als einen achtspitzigen, regelmäßigen Stern); doch (vorher) bestimme ich ihren Gründungsplatz, den ich bereits öfters gesehen und geprüft habe.«[5] Nach dem Futurum erscheint bereits jetzt eine Perfektform: »il quale io ò già ueduto et examinato più uolte;« Aus dem Projekt ist eine vollendete Tatsache geworden. Man könnte etwas übertreibend behaupten, daß in diesem Satz die neuere Utopie begründet liegt.

»Ich habe einen Plan erfunden, der ihm (dem Fürsten), wie ich meine, recht sein wird. Und sogleich, da er eben nicht übermäßig beschäftigt ist, will ich zu ihm gehen und ihm davon sprechen. Ich glaube, die Idee wird ihm zusagen wie jene des Deinocrates Alexander dem Großen. – Jetzt habe ich mit ihm gesprochen: und er hat mir geantwortet, die Erfindung gefalle ihm, und er wolle sie, auch ohne den Entwurf zu sehen, auf jeden Fall ausführen; während ich mich aber mit der Ausarbeitung des Planes befasse, soll ich ihm mitteilen, wie man es anfangen muß, die Stadt zu gründen.«[6] Aus der nun folgenden Abhandlung über den Bauplatz, die Lage der Stadt, entwickelt sich die erzählende Handlung.

Im Vergleich mit Alberti und auch Vitruv wird dabei deutlich, was bei Filarete zur erzählenden Rahmenhandlung wird. Da ist zunächst einmal der einfache Wunschtraum, das Projekt dadurch aufzuwerten, daß

---

[4] Ebenda 74.
[5] Ebenda 78.
[6] Ed. Oettingen 76.

Filarete erzählt, es habe dem Fürsten gefallen – was bereits der erste Schritt zur Fiktion ist. »Ausgelöst« aber wird die Erzählung dadurch, daß gewisse theoretische Erwägungen Albertis in ein Erlebnis umgesetzt werden. Überlegungen über die gesündeste Baugegend, die Vorzüge von Berg oder Tal, über die Winde, über Gesundheit und Krankheit, bei Alberti gestützt auf eine Fülle von brauchbaren und unbrauchbaren antiken Zitaten, werden bei Filarete zu einem Ausflug in das erfundene Tal »Inda«. »E poi huscimo di questa selva et andamone per la detta ualle; e continuamente quanto più la riguardauo, tanto più mi piaceua il sito. Il perchè io stimo, che in uerun luogho del mondo non si trouerebbe uno luogho cosi atto e bello per edificare una città, come questo.«[7] Es ist die Ankunft in Utopia. Aus einer Überlegung um den besten möglichen Bauplatz für eine Stadt ist die Auffindung des schönsten Tales auf Erden geworden. Das Erzählende leitet sich also weniger vom Versuch einer zumindest literarischen Realisierung eines Projektes her als von einer Übersetzung einer Suche nach dem besten Ort mit wissenschaftlichen Mitteln in eine Erzählung vom schönsten Ort auf Erden. Aus Heuristik ist eine arkadische Erzählung geworden. »Come ò detto, questa ualle è molto amena ... E così circha di due miglia a l'entrare della ualle fa (il fiume) una certa volta, quasi come una biscia; come vedrai qui per disegnio apresso. E poi si distende giù per la ualle, pure dando alcune uolte, ma non troppe. E le sue riue sono si ferme, che, piena che li uengha d'acqua, non le guasta; nè mai escie del suo letto, chiaro e rilucente, che sempre si uedi la ghiaia nel fondo. Pesci bonissimi produce.«[8] Alberti schreibt auch einmal von Fischen, von Fischteichen: »Man muß dafür sorgen, daß fortwährend Wasser aus einer Quelle, einem Flusse, einem See oder dem Meere zu- und abfließe.« Um dann Regeln für die Fischzucht bei den Alten zu geben.[9] Wie ganz anders ist doch der Realitätsgrad beider Äußerungen! Alberti überläßt nichts dem Zufall. Bei Filarete dagegen zeigt sich ein wichtiger utopischer Zug: Das Ausklammern jener Tatsache, daß nach der Vertreibung aus dem Paradies unsere Erde voller Disteln ist. Denn die Utopie, die sich sonst so realistisch gibt, setzt gerade als Basis des ganzen, als Ort des politisch und sozial so durchorganisierten Staates, Arkadien ein.

»Der Anydrus entspringt achtzig Meilen oberhalb von Amaurotum aus

7 Ed. Oettingen 84.
8 Ebenda 82.
9 De re aed. 5, 16.

mäßiger Quelle, verbreitert sich aber ... oberhalb der Stadt selbst bis zu einer halben Meile ... Wenn das Meer bis zu dreißig Meilen weit eindringt, füllt es das ganze Bett des Anydrus mit seinen Wogen und drängt den Fluß zurück; dann verdirbt es auch dessen Wasser beträchtlich darüber hinaus mit seinem Salzgehalt. Darauf gewinnt allmählich das Süßwasser wieder die Oberhand, rein und lauter durchfließt der Strom die Stadt und verfolgt seinerseits das zurückflutende Meer bis hart an seine Schlünde.«[10] So Morus über seine utopische Stadt und deren Fluß. Die »Hingabe an schöne, farbenreiche, freundliche Bilder der eigenen freiwaltenden Phantasie«[11] läßt noch neben dem arkadischen Ursprung die theoretische Überlegung im Sinne Albertis verspüren, entscheidend aber ist, daß jetzt, ab Filarete, der ideale Platz bereits als Erlebnis vorhanden ist.

Das Denken in Modellen bei Alberti wird ebenfalls bei Filarete nun Voraussetzung der utopischen Fiktion. Als erstes, erzählt dieser, machte er ein plastisches Modell der Stadt. »Damit du nun gleich begreifst, was ich dir durch diesen Entwurf erklären will, (wisse), daß meine Absicht ist, von jedem Bauwerk, d. h. von jeder Art und Gattung von Gebäuden, nur eines aufzuführen; also eine Kirche, einen fürstlichen Palast und einen solchen für einen Edelmann, nicht minder einen für Behörden; ferner auch Privathäuser. Noch von einigen andern Bauwerken, die ich in der Stadt zu errichten gedenke, will ich je eines hinstellen, so daß ein jeder sie nach den ihnen zukommenden Maßen, Verhältnissen und Eigenschaften gut vermag kennen zu lernen: du wirst jeden Bau zuerst vollständig aufgemessen, und dann an seinen Platz gesetzt erblicken.«[12] Von hier aus bedurfte es nur wenig, um aus dieser Setzung von Modellen als Gesetz ein geschichtliches Faktum zu machen. »Der Überlieferung nach ist nämlich der gesamte Plan der Stadt bereits von Anfang an von Utopos selbst festgelegt worden. Die Ausschmückung aber und den weiteren Ausbau, wozu das Leben eines einzigen Menschen aller Voraussicht nach nicht ausreichte, überließ er den Nachfahren.«[13] In einem solonischen Akt werden verbindliche Modelle vom Gründer, werden Häuser wie Gesetze festgelegt.

Unter solchen Voraussetzungen wird auch Filaretes Bemühung um die

---

10 Ed. Heinisch 51.
11 Doren, op. cit. 161.
12 Ed. Oettingen 90.
13 Ed. Morus, Heinisch 52.

wahre Proportion und den endgültigen Kanon in der Architektur voll verständlich. Das reproduzierbare Modell ist ein Gesetz und nicht mehr variabel. Der Typ des gesetzgebenden Architekten ist dabei Alberti wie Filarete aus der Antike bekannt: Hippodamus von Milet, durch Aristoteles überliefert. »Hippodamus war Baumeister und hatte ausgezeichneten Sinn für Symmetrie; wie er denn zuerst regelrechte Stadtpläne entwarf. Diese Anschauung trug er dann, scheint es, auch auf die Staatseinrichtungen über, indem er ebenfalls einen systematischen und symmetrischen Plan zu einer Verfassung entwarf.«[14]

Nicht zufällig schließt sich bei Filarete an die Typensetzung eine Stadteinteilung nach streng symmetrischem Plan an. Denn die symmetrische Figur garantiert wie das Modell nicht nur Reproduzierbarkeit sondern auch Vollendung. Symmetrie ist – in Anschluß an Hippodamus – zugleich Spiegel der richtigen sozialen Einteilung der Stadt. Sie ist vor allem aber das gottgegebene Muster. Die Städteplaner der Renaissance konnten sich auf antike Vorbilder in symmetrischen Anlagen berufen, etwa auf Rhodos und Halikarnass, vor allem aber auch auf Vitruv.[15] Und schon Aristophanes hatte sich über diesen Schematismus in der Symmetrie lustig gemacht.[16] Aber mit einer Ableitung aus der Tradition ist noch nicht sehr viel zum Verständnis geleistet. Selbst wenn man eine mittelalterliche Vermittlung[17] annimmt.

Ab Filarete ist die utopische Stadt (nicht nur die Idealstadt) eine symmetrische Figur. Wohl auch weil diese Figur geschichtslos perfekt ist. Wie die Hieroglyphe wird sie dem göttlichen Zeichen gleichgesetzt, sie ist unver-

---

[14] R. von Mohl, op. cit. I, 171. Aristoteles schreibt von H. in Pol. II, 8. Alberti erwähnt ihn in De re aed. 4, 1. Über Hippodamus und seine Rolle in der griechischen Stadtplanung informiert am besten A. von Gerkan, op. cit. und R. E. Wycherley, How the Greeks built Cities, 1949.

[15] Siehe dazu: G. Eimer, op. cit., 46.

[16] Aristophanes, Die Vögel, 2. Szene:
Meton: Nun leg' ich an das Lineal und bild'
Ein Viereck aus dem Kreis – hier in die Mitte
Da kommt der Markt, und alle Straßen führen
Schnurgrad zum Mittelpunkt und gehn wie Strahlen
Von ihm, als kugelrundem Stern, gradaus nach allen Winden –

[17] Siehe dazu G. Eimer, 50 f.
Leider hat die kunsthistorische Forschung in der Untersuchung zur Idealstadt (die Literatur findet sich bei Eimer) die Frage nach der Symmetrie zu einer Querelle gemacht, nur bemüht die Ursprünge der einzelnen Symmetrieformen zu klären. Von allen wirklichen Fragen unberührt ist vor allem: H. Rosenau, The Ideal City, 1959.

änderlich, keiner Entwicklung unterworfen, ihr Ursprung liegt nicht einmal in der Setzung durch den Architekten, sondern im Demiurg. Als Symbol der Vollendung.

Am 15. April 1460, 10 Uhr 21 Minuten, einem von den Hofastrologen als günstig berechneten Zeitpunkt, schritt man zur Grundsteinlegung der Stadt Sforzinda Filaretes. Das Zeremoniell ist eine phantastische Mischung von christlichem Kirchweihrituell und paganer Augurenhandlung. »Ciascheduno diè tre colpi cholla zappa in terra a similitudine della Sta. Trinità ... questo commandò il somo pontefice ... dicendo: ›In nomine Patris et Filii et Spiritus Sancti‹; e così ancora a similitudine di tre tempi, cioè passato, presente e avenire. E fatto questo, fecono la collectione in ordine et insieme in atto d'amore e di carità.«[18] Unwillkürlich denkt man an die Trinitätslehre eines mittelalterlichen »Utopisten«, Joachims von Fiore. Vor allem aber drängt sich der Vergleich mit mittelalterlichen Gründungsriten auf. Hier hatte schon lange vorher die Toskana, bei den Weihen der Mauerstädte, zu einer Übertragung des Kirchweihritus und des Gründungsritus auf den Städtebau gefunden. Villani beschreibt die Feiern aus Anlaß der Grundsteinlegung zum letzten Mauerring in Florenz.[19] Gleichzeitig suchte man mit dieser Mauer Florenz eine wenigstens annähernd symmetrische Form zu geben.[20] Nocheinmal werden wir auf die Säkularisierung des Himmelsbildes in der italienischen Stadt verwiesen.

Nachdem die Stadt Sforzinda schon weit gediehen ist, will man auch eine Hafenstadt bauen. Bei den Fundamentierungsarbeiten zu dieser finden die Arbeiter in der Erde, in einem bleiernen Kasten, ein »goldenes Buch« (man erinnere sich des Untertitels bei Morus), in welchem eine in sagenhafter Zeit hier schon stehende Stadt eines sagenhaften Herrschers Zogalia beschrieben ist. Nach dieser Beschreibung im »goldenen Buch« wird die Hafenstadt nun weitergebaut. »Der Prinz kehrte (nach Lesen des Buches) zurück, und wir erbauten Hafen, Palast und Kirche genau nach den im Goldenen Buche beschriebenen Bauten.«[21] »Zogalia«, der Herrschername, ist dabei eine anagrammatische Verstellung von Galcazzo (Sforza).

---

18 Ed. Oettingen 134.

19 Villani, op. cit. IX, 31. Siehe dazu Braunfels, op. cit. 52.

20 Braunfels 64 f.

21 Das Goldene Buch, von dem B. P. Michailov, Traktat ob architekture A. Averlino, Soobscenija Instituta Istorii Iskusstv, 7, Architektura, Moskau 1956, 11 ff, sogar annimmt, es handle sich um einen wirklich aufgefundenen alten Kodex, wird bald zu einem utopi-

In dieser Verschachtelung von fingierter Bauhandlung, Fund eines Buches, das die Stadt beschreibt und nun zum weiteren Planen benutzt wird, von Erzählung in der Erzählung, in der aus dem Architekturtraktat wieder ein Roman wird, gibt die Kunst sich als die Rekonstruktion von ehrwürdigen Vorbildern aus – die jedoch von eben dieser Kunst erdacht sind. Ein »Romantiker« unter den Renaissancekünstlern macht hier zum erstenmal aus dem »Ingenium«, der Kraft zur Erfindung, eine *erfundene Kunst*.[22] Damit hat die intellektuelle Kunstkonzeption der Renaissance einen wichtigen Schritt getan. Aus »erdachter« Kunst ist »erfundene« Kunst geworden. »Ingenium« als schöpferische Instanz hat sich verselbständigt und dokumentiert sich in der Erfindung. Wesentlich ist »Filaretes Betonung des ›ingegno‹ als einer der Grundvoraussetzungen baukünstlerischen Schaffens. Der Begriff ... hat bei Filarete wohl mehr den Sinn einer Gabe zur Imagination unerhörter, ›dädalischer‹ Projekte.«[23] »In diesem Bewußtsein und offenem Eingeständnis des autonomen Phantasiespieles als der eigentlichen Aufgabe der Kunst ... ›fantasticare‹ ist eines der Lieblingswörter Filaretes ... war jene Wandlung begriffen, die den ihre Folgen miterlebenden Schriftstellern des XV. und XVI. Jahrhunderts als die Erneuerung der Kunst und als die Rückkehr zu der wahren Doktrin, zu den im Mittelalter verloren gegangenen Regeln erscheinen mußte.«[24] »Während die Idee der schöpferischen Imagination und des ›autonomen Phantasiespieles‹ in dem von Klassizismus und Rationalismus beherrschten System Albertis offenbar keine ernste Rolle spielt, steht für den ›Romantiker‹ Filarete der ›ingegno‹ gleichberechtigt neben den Kategorien der ›memoria‹, d. h. der Besinnung auf die – klassische Tradition, und des ›intelletto‹, der rationalen Voraussetzung aller Einsicht in die Grundlagen der Baukunst: ›Memoria Ingegno Intelletto‹ lautet die – wohl als Devise aufzufassende – Inschrift auf dem Prachteinband seines ›libro d'oro‹.«[25]

Eine Kunst, die sich seit etwa fünfzig Jahren aus dem antiken Erbe mühsam Richtlinien erarbeitet hatte, verfällt hier einem eigenen Prinzip und löst sich in ihm auf. In der Identifizierung von »erfunden«, »ersonnen« mit

---

schen Topos werden. So taucht es bei Campanella auf. Es ist im Tempel der Sonnenstadt, unter der Kuppel aufbewahrt und enthält »di cose importantissime« (Ed. Bobbio 58 f.) Siehe auch: E. Gilson, Die Metamorphosen des Gottesreiches, 1959, 183 ff.

22 Siehe Tigler, op. cit. 40.

23 Ebenda 39.

24 M. Dvořák, Kunstgeschichte als Geistesgeschichte, 1924, 128.

25 Tigler, op. cit. 40.

»nur erdacht«, verfertigt diese Kunst sich selbst nur noch in der Spekulation, die vordem zu ihrem Entstehen beitrug. Sie kommt aus dem Teufelskreis der reinen Erfindung nicht mehr heraus, sie produziert nicht mehr, sie stellt nur noch die Erfindung an sich — die ja in etwa »Idea« ist — dar.

Die 25 Bücher Filaretes von der Baukunst sind eine Flucht in die Poesie, die gleiche Poesie, von der Alberti schreibt, sie könne dem Künstler so viele Anregungen bieten. Die Gründung der Stadt, beschrieben als historisches Faktum, gäbe einen guten Stoff für ein »Geschichtsbild« der Maler ab.

Vasari, der im übrigen Filarete sehr gerecht wird, schreibt von dem Traktat: »E comecchè alcuna cosa buona in essa si ritrovi, è nondimeno per lo più ridicola, e tanto sciocca, che per avventura è nulla più.«[26] Wie der weitere Text Vasaris noch zeigt, richtet sich sein Urteil gegen eine Systemlosigkeit bei Filarete, also wohl gegen die Verschachtelung von Erzählung und Theorie. Vor allem aber dürfte Vasari, dem Kunstpragmatiker, das eigentlich »Utopische« unverständlich gewesen sein, die Überlegungen um das richtige Funktionieren der Stadt als politische und soziale Institution.

Denn Filaretes Traktat ist nicht nur gerichtet auf eine Idealität im ästhetischen Bereich, sondern auch auf Idealität im civilen Organismus. Damit wird eindeutig die Utopie des Morus vorbereitet.

Im »goldenen Buch« des Zogalia wird auch eine Erziehungsanstalt für Knaben und Mädchen beschrieben und so gebaut: »Wir besaßen in unserer Stadt ein Gebäude, das unser Architekt entworfen und ausgeführt hatte. Welches seine Bestimmung gewesen, will ich hier mitteilen, damit unser Nachfolger nach seinem Muster ein entsprechendes errichten möge und kein edles Ingenium wegen Mangel an Bildungsmitteln zu Grunde gehe.«[27] 20 bis 25 Knaben sollen hier aufgezogen werden. »Nicht nur trieb man die Jurisprudenz, Medizin, das kanonische Recht, die Rhetorik und die Poesie, sondern die Anstalt war mehr als eine Sapienza, indem auch allerlei Künste und Handwerke, das Malen, das Bilden in Silber, Marmor und Holz, das Drechseln, Schmieden, Sticken, Schneidern, die Apothekerkunst, die Glaserei, die feine Töpferei von schönen Vasen, das Fechten, Singen und Musizieren auf Instrumenten je nach Lust und Anlage daselbst geübt werden konnte.«[28] Erst jetzt, nachdem der Herr von Sforzinda dem Architekten den Befehl gibt,

[26] G. Vasari, Le vite de più eccelenti pittori scultori ed Architetti, Ed. Milanesi 1878, II, 457.
[27] Ed. Oettingen 483.
[28] Ebenda.

ihm nach diesem Muster eine solche Anstalt zu bauen, tritt Filarete offen als Planer auf. Über die Verwaltung und die Finanzen, Tageseinteilung und Verpflegung bis zu den Kleidern der Vorsteher wird alles entworfen. »Um die Knaben zur Frömmigkeit zu gewöhnen, wird wöchentlich einmal, am Samstag oder Freitag gefastet und jeden Monat, mindestens alle Vierteljahr, gebeichtet. In der Fastenzeit wird aber zweimal wöchentlich gefastet und wöchentlich gebeichtet. In die Schule aufgenommen werden begabte und dabei mittellose Söhne braver Eltern.«[29] Ähnlich ist es mit der Anstalt für Mädchen. »Nach dem siebten Lebensjahre kommen sie nach entsprechender Einweihung in die mathematischen Grundbegriffe ... zum Unterricht in allen Naturwissenschaften.« »Vier Lehrer gibt es für die vier Abteilungen, und so werden sie alle vier in vier Stunden unterrichtet. Denn während die einen Leibesübungen treiben oder öffentliche Dienste verrichten, obliegen die anderen dem Studium. Später beschäftigen sie sich mit der höheren Mathematik, der Medizin und anderen Wissenschaften. Dauernd finden unter ihnen gelehrte Unterhaltungen und Disputationen statt. Und diejenigen, die sich in jenen Wissenschaften oder mechanischen Künsten besonders hervortun, werden später Beamte des betreffenden Gebietes, und alle anderen folgen ihnen als ihrem Vorbild und Richter. Sie gehen auch auf das Land hinaus zur Feldarbeit und zur Besichtigung der Viehzucht, um dabei zu lernen. Jenen halten sie für besonders vorzüglich und edel, der mehrere Handwerke erlernt hat und sie vollständig auszuüben weiß.«[30] Bei dem Zitat hier handelt es sich nicht mehr um eines von Filarete, sondern von Campanella, hier klitternd angefügt, um zu demonstrieren, wie wenig Filarete sich in der sozialen und pädagogischen Konstruktion von den eigentlichen Utopisten unterscheidet.

Schon Alberti hatte – selbstverständlich – die Schulen erwähnt. Aber nur aus der Sicht des klug planenden Architekten. »Dunst und Gestank« sollen in ihrer Nähe fehlen.[31] Pädagogische Intention und architektonische Praxis, bei ihm noch getrennt, sind bei Filarete vereinigt und werden von jetzt an ein Hauptbestandteil der Utopien sein.

Im 18. Buch entwirft Filarete ein »Haus der Tugenden und des Lasters«. Nach Angaben über die Maße desselben, das einerseits die Tugenden und

[29] Ebenda 490.
[30] Ed. Heinisch 125.
[31] De re aed 5, 8.

Wissenschaften beherbergen und andererseits in Räumen für das Laster das Gegenbild zeigen soll, in Kneipen und Bordellen, schreibt der Architekt von einer Allegorie, die das Haus krönen soll: »Egli è vero, Signiore, quando feci questa fantasia, per la quale io ne cavo hedificio acquella similitudine, et ancora a che fine io la feci a che proposito, si fù, come voi sapete, due cose contiene nell' uomo, per le quali s'acquista fama, et comunemente per l'una di queste et anche alcuna volta per tutte et due: ma di quella, della quale sia la fama perfetta, si è una et questa è la virtù, la quale è quella, che fa l'huomo felice; benchè del vitio ancora fama se n'acquisti, niente di meno ell' è fama igniominosa et captiva et obscura, et quella della virtù è buona et lucida et chiara et degnia, et questa è quella, come o detto, (che) fa l'huomo et in questa et nell'altra vita essere felice. Si che immaginando io più volte, a che cose si potesse asomigliare questa virtù et questo vitio si possa asomigliare che più propria paresse, et leggendo et domandando, se mai alcuno di questi avessi figurati immodo che in una figura comprendere si potesse l'uno essere il vitio et l'altra la virtù, io non o ancora trovato, che in una figura figurate fussono come impiù, come a dire le quattro virtù cardinali et le tre theologiche, et così i septe vitii principali, che chi a uno animale et chi a un altro et così ancora la virtù a varie figure asimigliate. Vero è, che Seneca le discrive in forma di donna vestita di biancho e'l vitio pure in forma di donna molto adornata di begli vestimenti et figure, che in sonno venissono dinanzi a Ercole et a dimostrargli, che ciascheduno dovesse seguitare le sue vestigie, cosi il vitio come la virtù, ogniuno gli profferiva de' suoi fructi et chi dolci et chi bruschi, et lui, come savio, prese più presto li bruschi che dolci. Si che, vedute tutte queste similitudini et intese, non nella mente mi sodisfaceva, immodo che collo' ingegnio mi missi a fantasticare et pensare tanto, che pure mi venne nella mente di figurare il vitio et la virtù in una figura sola ciascuna di per se, le quali stanno in questa forma, che qui narrerò et anche per disegnio potrete la sua forma vedere.«[32]

Panofsky, der dem Gegenstand eine kurze Studie widmete, bemerkt mit Recht, daß wir hier Zeuge eines bedeutungsvollen Vorganges sind: Die Renaissance macht sich hier die künstlerische Gestaltung der »virtus schlechthin« ausdrücklich zur Aufgabe. Es kommt ihr zugleich das Fehlen eines ent-

---

[32] Der Text nicht aus von Oettingen, sondern: E. Panofsky, Hercules am Scheidewege, 1930, 188 f.
Im folgenden wird noch auf Panofskys Untersuchung Bezug genommen.

sprechenden Darstellungstypus zum Bewußtsein. Außerdem wies Panofsky nach, daß der hier genannte Name Seneca eine Schreibstubenverbalhornung von »Senofonte« sein muß und daß Filarete, wohl durch die Vermittlung des damals besten Xenophon-Kenners, Filelfo, mit dessen Herkulesfabel bekannt wurde; die er dann zur Gestaltung seiner Tugend-Laster-Allegorie benutzte[33].

Daß diese Erfindung innerhalb eines Bauprojektes auftritt, ist bedeutsam. Aber nicht nur die bekrönende allegorische Gruppe, das Haus selbst ist eine Allegorie. Wie abstrakt der Gedanke einer Unterbringung der Wissenschaften und Laster in einem Haus ist, braucht nicht betont zu werden. Ein Grundzug des Utopischen wird deutlich: Die Konstruktion von der Allegorie her. Was oft so realistisch und wie eine neue praktische Erfindung aussieht, ist meist nichts anderes als die Übersetzung eines allegorischen Gedankens in Architektur und Stadt. War es dem Humanismus knapp zuvor gelungen, in den Dingen aus dem Kosmos eine Darstellungsmöglichkeit für die Begriffe zu finden, so wird jetzt aus dieser »Verdinglichung« schon wieder ein Abstraktum.

Die Stockwerke des Zylinderbaues der Tugenden und Laster sind für die sieben Wissenschaften bestimmt, sieben Brücken, welche die Plattformen untereinander verbinden, sind nach den sieben Tugenden benannt, mit deren Bildern sie auch verziert sind; und sie sind so eingerichtet, daß man nur über alle sieben von einem Zylinder zum anderen gelangen kann. Der Zutritt zu der Plattform steht nur den in allen Wissenschaften erprobten, den Kriegshelden und auch den besichtigenden Fremden frei[34]. Nur im Besitze aller Tugenden kann man zu den Wissenschaften gelangen und umgekehrt. Daß es sich dabei um »architecture parlante« handelt, um allegorische Architektur, braucht kaum betont zu werden. In der Zeichnung des Manuskriptes krönt die allegorische Gruppe der Tugend als Riesenstatue unter Verzicht auf die üblichen Proportionen den Bau[35]. Sie ist wie ein Symbol für die Macht der Allegorie über die Architektur. Ausgeführt wäre dieser Bau technisch, inhaltlich und auch architektonisch ein Monstrum geworden. Aber hier hat die Architekturtheorie längst den Bereich der Möglichkeiten verlassen. Dieses Haus ist nur noch eine literarische Möglichkeit, utopisch. Filaretes einseitige Behandlung als Architekt hat, angefangen von Vasari, solche Projekte des-

---

33 Panofsky, Hercules, 187 ff.

34 Im Codex Magliabecchiano II, 140.

35 Ed. Oettingen 500 ff.

wegen als hirnrissig deklariert, weil man an sie den Maßstab der Architekturtheorie legte. Sie sind jedoch Utopie, erzählte Architektur, und damit aus der architektonischen Kommensurabilität herausgehoben in den Bereich des Wunschbildes vom besseren Leben. Der Satz Filaretes, daß außer tugendhaften Menschen nur noch Fremde zur Besichtigung des Hauses zugelassen werden sollten, verweist auf einen Brauch in späteren Utopien: Der Fremde wird immer gut aufgenommen und darf alles besichtigen. Denn dieser Fremde (das ist: Wir) ist der einzige, der Utopiens Wirklichkeit garantiert. Sforzinda, Amaurotum, die Sonnenstadt, sie alle existieren nur durch den Besuch des Fremden. Hinter dem Meer, hinter der Wüste, hinter dem weiten Weg von der Wirklichkeit zur Phantasie ist diese Stadt unerheblich, ungeschichtlich. Erst wenn wir dorthin verschlagen werden, wenn wir die bleierne Truhe mit dem goldenen Buch öffnen, wird die Stadt Wirklichkeit – und auch nur als Sinnbild der Möglichkeiten. Wird die Allegorie zu einem »Ort«, an dem wir als Fremde für einige Zeit verweilen dürfen, um dann die Erinnerung daran nach Hause zu tragen als Traum von einem besseren Leben, in dem die Tugenden erreichbar und die Laster in den Keller verbannt sind.

Schon bei Filarete sind die einzelnen Bauteile des erwähnten Hauses mit Bildern von Tugenden bemalt. Damit ist die Rolle bezeichnet, die das Bild im utopischen Staat spielen wird. Davon soll noch ausführlicher die Rede sein.

Der sagenhafte Architekt in Filaretes »libro d'oro« heißt Onitoan Notirenflo. Das ist eine anagrammatische Verstellung von »Antonio Florentino«, also Filarete. Sforzinda heißt die geplante Stadt. Ihre sieben Tore tragen die Namen der Sforza-Kinder. Der Erbauer der sagenhaften Hafenstadt hieß Zogalia, d. i. Galeazzo[36]. »Die Schicksale seines Großvaters und Vaters, die er in seinen der

[36] So sind im Traktat noch mehrere Freunde Filaretes aus den Anagrammen zu identifizieren. Aristotele da Bologna = Letistoria; Francesco Filelfo = Scofranco Notilento; Maso da Rieti = Somato da Terie.

Daß diese Enigmatik bei Filarete auch dazu verleitete, sogar eine reale Lage von Sforzinda finden zu wollen, ist verständlich. Ein solcher Versuch: E. Quilini Puliga, Sforzinda, città del Filarete, La Martinella di Milano, VII, 1953, 460 ff.

In diesem Zusammenhang ist auch noch eine Arbeit über Filaretes Utopie zu erwähnen: L. Firpo, La città ideale del Filarete, Studi in memoria di Gioele Solari, 1954, 11–59. Sie bringt allerdings wenig neues und ist durch die Arbeit Tiglers überholt. Eine Bibliographie zu diesem Themenkreis gibt ebenfalls Tigler.

Sieht man von der Arbeit Tiglers ab, die nur auf die Kunsttkeorie Filaretes zielt, so zeichnet sich in der gesamten Literatur ein erschreckendes Unvermögen ab, zu unterscheiden zwi-

Nachwelt hinterlassenen Memoiren (dem ›goldenen Buch‹) mitteilt, sind die Taten des Iacopo Mucio (Locuimo) und der Weg des Francesco Sforza zur Herrschaft über Mailand, von der Besiegung des Braccio (›Ciobra‹) bis zur Hochzeit mit Bianca Maria, der Tochter des Filippo Maria (›Polifiamma‹) Visconti.«[37] Die Reihe von Verschlüsselungen wäre noch fortzusetzen.

Zunächst sind diese Anagramme natürlich zu erklären aus der humanistischen Freude am Enigmatischen; aber sie scheinen hier doch auch mehr zu sein: Der Versuch, die Gegenwart in eine Vorzeit zurückzuverlegen, an den Anfang der Geschichte, dorthin, wo diese noch geschichtslos ist, wo Namen Zeichen waren für ein Absolutes, für den geschichtlichen Beginn der Geschichtslosigkeit. Denn aus der Verstellung des Namens ist eine Utopie der geschichtlichen Person geworden.

Filarete benötigt jetzt auch den autokratischen Herrscher als Gründer. Während Alberti noch dem Traum von einer alten römischen Republik nachhing (und deshalb den Versuch des Stefano Porcari, eine solche zu errichten, feierte)[38], ist die Utopie Filaretes abhängig vom Gründungsakt des Herrschers geworden. Zogalia-Utopos setzt jetzt den Staat fest, um dann in der Geschichtslosigkeit sich zu verflüchtigen.

Summiert man die hauptsächlichen Wesenszüge des Traktates von Filarete, so ergibt sich bereits ein Bild der künftigen Utopien ab Morus. In grober Vereinfachung sind diese Züge folgende:

1. Durch Rahmenhandlung, Handlungsverschachtelung, Verschlüsselungen und andere Mittel einer Distanzierung einer Theorie wird eben diese Theorie ausgegeben als historische Erfahrung.
2. Durch diese gleichen erzählerischen Mittel wird das utopische Projekt aus dem Bereich der direkten Planung verdrängt in den Bereich der eingestandenen Fiktion.
3. Das Paradoxon von eingestandener Fiktion und gleichzeitigem Anspruch auf übergeschichtliche Wirklichkeit wird als Stilmittel gepflegt. Es entsteht ein eigentümliches Gebilde, in dem sich Ironie und politisch-pädagogische Absichten vermengen.

---

schen Kunstanweisung und utopischem Roman bei Filarete. Das Ergebnis ist eine Überschätzung der kunsttheoretischen Bedeutung seines Idealstadtplanes als wirklichem Plan.

[37] Tigler, op. cit. 67 f.

[38] Siehe dazu: Dizionario biografico degli Italiani, 1960, s. v. Alberti, 706. Und: R. Cessi, la congiura di Stefano Porcari, 1912.

4. Das so entworfene Stadt-Staat-Gebäude ist allegorischen Charakters. Was sich zunächst als erlebbare Wirklichkeit ausgibt, ist meist Verbildlichung eines rhetorischen Begriffes.
5. In Summa ergibt sich aus den vorangehenden Punkten, daß der Autor sich selbst jederzeit auch von seinem Projekt in der Erzählung zurückziehen kann. Nachdem es Erzählung geworden ist, kann er dieses so schildern, als sei es eben nicht von ihm, sondern als sei er auf Besuch in Utopia. Daraus kann die »Gegenutopie« entstehen. Daraus kann auch ein Mittel der Intensivierung des Erzählens werden: Im Ausgeben derselben als reinem Erlebnisbericht, in dem auch kritisiert wird.

Viele haben sich Republiken ausgemalt, von deren Existenz man nie etwas gesehen oder vernommen hat.

Macchiavelli, Il Principe, cap. 15

VII

DIE ERFUNDENE STADT

Im Sonnenstaat des Campanella[1] hat sich – was bei Morus noch nicht so sichtbar ist – ein Netz von Allegorie über die Stadt gespannt. »Der oberste Herr bei ihnen ist ein Priester, den sie in ihrer Sprache Hoh nennen; in unserer würden wir sagen: Metaphysikus. Dieser ist das Oberhaupt aller in weltlichen und geistlichen Dingen, und alle Geschäfte und Streitigkeiten werden letztlich durch sein Urteil entschieden. Drei Würdenträger stehen ihm zur Seite: Pon, Sin und Mor, in unserer Sprache: Macht, Weisheit und Liebe.«[2] »Die Geschäfte des ›Macht‹ betreffen die Angelegenheiten des Krieges und des Friedens, das gesamte Kriegswesen ... Zum Aufgabenbereich des ›Weisheit‹ aber gehören die freien und die mechanischen Künste, sowie alle Wissenschaften, die zuständigen Behörden, die Gelehrten und die verschiedenen Schulen ... Dem ›Liebe‹ obliegt vor allem die Sorge für die Fortpflanzung ...«[3]

Diese drei, hier in allegorischen Personifikationen auftretenden Unterherrscher verkörpern primordiale Begriffe im philosophischen System Campanellas. »Perciò la Potenza e la Sapienza e l'Amore sono i principii altissimi,

---

1 Tommaso Campanella, La Città del Sole, Frankfurt 1623. Geschrieben ca. 1611. Ed.: Testo italiano e testo latino a cura di N. Bobbio, 1941. Wir zitieren, nach Vergleichung mit Ed. Bobbio die Ed. Heinisch, op. cit.
Im Italienischen heißen Pon, Sin und Mor: Potestà, Sapienza e Amore (Ed. Bobbio 59).
Zur Bibliographie der Campanella-Editionen und Sekundärliteratur siehe Heinisch, op. cit. 268.
Die brauchbarste Monographie ist immer noch: J, Kvačala, Thomas Campanella, 1909.

2 Ed. Heinisch 119 f.

3 Ed. Heinisch 120.

costituivi non solo delle cose composte, ma anche delle cose più semplici. Questi principii supremi di cui sono consustanziati tutti gli esseri non sono separabili, perchè sono essenziali sotto lo stesso rispetto, e ciascuno di essi costituisce tutta l'energia dell'essere per coessenzazione e toticipazione.«[4]

Im »Pantagruel« erzählt Rabelais, »wie Panurg die Schloßherrschaft zu Kunterbuntenau in Dipsodien erhielt und wie er sein Korn als Grünzeug fraß«[5] Panurg will hier sein ganzes Leben auf einer Befolgung der vier Kardinaltugenden aufbauen und so kommt es zu einer grandiosen Parodie jener Regulierung des Lebens durch allegorische Schemata. Wobei schließlich Panurg, eben um der »Mäßigkeit« wegen sein Korn bereits als Grünzeug frißt.

Gerade in der Parodie aber wird deutlich, wie wenig die Utopie, was immer wieder übersehen wird, Konstruktion einer politischen Möglichkeit ist, sondern vielmehr quasikünstlerische Verkörperung eines philosophischen-allegorischen Concetto. Utopia ist ein »Kunstwerk«. Das heißt: Erbaut im Glauben an eine mögliche Verkörperung – aber nicht Verwirklichung, sondern Gestaltung einer Idee. Im Kunstwerk wird ein Gebäude errichtet, es kann in ihm Realität werden, aber das bedeutet nicht Realität im Sinne eines so errichteten Staates. Mit der Frage nach der Wirklichkeit der Utopie stoßen wir in den Bereich der »Idea« als Basis des Kunstdenkens der Zeit vor. »Allein indem es der Epoche nun auf der anderen Seite ganz selbstverständlich ist, das diese ›Idee‹ oder dieser ›Concetto‹ mitnichten etwas schlechthin Subjektives, rein ›Psychologisches‹ sein darf, erhebt sich nun zum ersten Mal die Frage, wie es dem Geist denn überhaupt möglich sei, sich eine solche innere Vorstellung zu bilden, da sie nicht einfach aus der Natur heraus gewonnen werden kann und doch nicht nur im Menschen ihren Ursprung haben darf – eine Frage, die letzten Endes auf die Frage nach der Möglichkeit des künstlerischen Schaffens überhaupt hinausläuft. Gerade diesem selbstherrlich-konzeptualistischen Denken, das die Voraussetzungen der Renaissancetheorie zu untergraben gewagt hatte, indem es die unbedingte Geltung der ›Regeln‹ ebenso in Zweifel zog, wie die unbedingte Maßgeblichkeit des Natur-

---

[4] G. Saitta, Il Pensiero Italiano nell' Umanesimo e nel Rinascimento, II, Il Rinascimento, 1951, 246.

[5] F. Rabelais, Les horribles et espouventables aventures de Pantagruel, roy des Dipsodes, 1533, 2, 2. Im folgenden zitiert nach der deutschen Ed. von E. Hegaur und Dr. Owlglass, 1951.

eindruckes, das die künstlerische Darstellung als anschaulichen Ausdruck einer geistigen Vorstellung auffaßte und selbst die ›Invenzione‹ des Bildinhalts nicht sowohl der biblischen, poetischen oder historischen Überlieferung entnommen, als vielmehr vom Künstler selber erdacht sehen wollte, und das dann doch wieder nach einer allgemein verbindlichen Begründung und Normierung alles künstlerischen Schaffens rief, – gerade einem solchen Denken mußte das, was der vergangenen Periode noch gar nicht fragwürdig erschienen war, zum ersten Mal von Grund aus problematisch werden: das Verhältnis des Geistes zur sinnlich gegebenen Wirklichkeit.«[6] Mit dieser Beschreibung der Kunstansicht des 16. Jahrhunderts durch Panofsky, eines Bereiches, in den wir mit der Utopie des Morus vordringen und zu dem auch die Utopie des Campanella zu rechnen ist, ist nicht zuletzt auch die neue literarische Gattung dieser Utopie gekennzeichnet. Die Invention ist in den Vordergrund gerückt, die Erfindung aus der »Idea« stellt eine erfundene Wirklichkeit vor; andererseits versucht die Erfindung sich in der verkörperten Allegorie als übergeschichtliche Norm auszugeben, als indiskutable göttliche Fixierung des Ethischen. In der Allegorie sollen unveränderliche, hieratische Inhalte dargestellt werden, während gleichzeitig die Erfindung sich verselbständigt und Kunst als nur noch Kunst deklariert wird. Das ist der utopische Zwiespalt. Das göttliche Zeichen wird zum Inhalt einer Erfindung und die Erfindung muß sich unentwegt als göttliches Zeichen ausweisen.

In der Architektur bemerken wir zu dieser Zeit etwas sehr ähnliches. Nach einer Festigung der staats- und kunstbauenden Rolle machte sich ein Regelästhetizismus breit, der sich entweder in sogenannten »Idealstadtplanungen« (die in Wirklichkeit nur schematische Pläne ohne Idealität waren) oder im Streit um die Regeln der Säulenordnungen breit machte. Die Vorstellung von der Architektur als Möglichkeit, die Welt neu zu formen, hatte sich seit Filarete als literarische Möglichkeit abgespalten von der Möglichkeit der Architektur als »Hervorbringung«.[7]

Der zwiespältige, um nicht mit Vasari zu sprechen, hirnrissige, Charakter der Filareteschen 25 Bücher besteht nicht zuletzt darin, daß einerseits in einer utopischen Erzählung ein Traum gesponnen wird, andererseits aber fieberhaft nach Regeln für die Baukunst gesucht wird.

---

[6] Panofsky, Idea, 45.

[7] Zum Problem der »hervorbringenden Kunst« in der antiken Theorie siehe: E. Grassi, Die Theorie des Schönen in der Antike, 1962, 106 f.

Wie diese zwei so verschiedenen Anstrengungen auf die gleiche Wurzel zurückgehen, hoffen wir gezeigt zu haben. Ein Ausweg aus dem Dilemma, ein Ausweichen geradezu, scheint der utopische Roman, vor allem schon Filaretes zu sein. Es ist nicht zuletzt ein Ausweg, der sich schon bei Platon vorgezeichnet findet. Im »Sophistes« heißt es bei ihm:

»Fremder: Wir und die andern Lebewesen und das, woraus alles Wachsende besteht, Feuer und Wasser und was hierhin gehört, das sind, wie wir wissen, insgesamt Erzeugnisse Gottes, nämlich jedes Hervorgebrachte selbst. Oder wie?

Theaitetos: Nicht anders.

Fremder: Jegliches von diesen nun begleiten Bilder, welche nicht die Sache selbst sind, aber auch durch göttliche Veranstaltung entstanden.

Theaitetos: Was für welche?

Fremder: Die in den Träumen und auch, was wir bei Tage natürlichen Schein nennen, wie der Schatten, wenn in das Helle Finsternis eintritt, und der Doppelschein, wenn an glänzenden und glatten Dingen eigentümliches Licht und fremdes zusammenkommend ein Bild hervorbringen, welches einen dem vorigen, gewohnten Anblick entgegengesetzten Sinneseindruck gibt.

Theaitetos: Dies also seien die zweierlei Werke göttlicher Hervorbringung, die Sache selbst und das eine jede begleitende Bild.

Fremder: Und unsere Kunst? Werden wir nicht sagen, daß sie das Haus selbst durch die Baukunst hervorbringt, durch die Zeichenkunst aber noch ein anderes, gleichsam als einen menschlichen Traum für Wachende verfertigtes?

Theaitetos: Ganz gewiß.«[8]

Platon verläßt hier keineswegs die Basis seiner Kunstkritik, auch wenn es zunächst so scheinen mag; denn gleich darauf ist wieder von Trugbildern die Rede. Aber wir werden hier hingewiesen auf den eigentlichen »Katalysator«, an dem sich aus der Architekturvorstellung die utopische Erzählung niederschlagen konnte: Den Traum. Wie der Traum von den Dingen, so unterscheidet sich das Bild der Architektur von der Architektur.

Im großen Zwiespalt der Renaissance und auch des Manierismus, der sich auftat zwischen echter Hervorbringung und der Nachahmung, und zwischen Regel und Invention, wurde der Roman von der Kunst zu einem Ausweg.

---

[8] Sophistes 266 b–d.
Siehe dazu: Grassi, op. cit. 107.

Besser: Zum Traum. Der Doppelschein an den Dingen, als ebenfalls göttlichen Ursprungs, als das die Dinge begleitende Bild vereinigt jetzt Invention und Bindung an die Regel in einer neuen Kunstform: Dem Roman von der Kunst.

»Nachdem Pantagruel das Dipsodierland vollkommen unterworfen hatte, verpflanzt' er dorthin 9 876 543 210 Utopier (Weiber und Kinder nicht eingerechnet), Künstler jeglichen Handwerks und Gelehrte in allen freien Wissenschaften, um dies Land, das vordem spärlich bewohnt, ja zu einem großen Teil eine Wüstenei gewesen, aufzufrischen, zu bevölkern und schmuck zu gestalten. Doch geschah das nicht sowohl in Ansehung der zahllosen Männer und Weiber, die sich in Utopien wie Heuschrecken vermehrt hatten (ihr wisset ja wohl und ich brauch's euch nicht wiederholentlich zu versichern, daß die Utopier fruchtbare Liebeswerkzeuge hatten und die Utopierinnen so geräumige, zugriffige, standhafte und trefflich ausgebaute Gebärmütter, daß man Ende jedes neunten Monats zum mindesten sieben Kinder, so Männlein wie Fräulein, jeglichem Ehstand entsprossen, in Nachahmung des jüdischen Volkes, da es in Ägypten war).«[9]

Weder vor noch nach Rabelais hat jemand so scharf das Intellektuelle und zugleich Kunstvolle der Utopie erkannt wie er. Dabei ist seine Geschichte von Gargantua und Pantagruel mit den gleichen utopischen Mitteln erzählt: Phantastische Erfindung, Allegorie und intellektuelle Konstruktion sind die Grundlagen. Und es bedurfte nur einer kleinen Wendung, der in die Parodie, daß daraus eine Gegen-Utopie wurde.

Daraus entsprang nicht zuletzt die berühmte Episode von der Gründung der Abtei Thelema, dem arkadischen Anti-Kloster nach utopischem Muster. Dieser glückliche Ort, geplant so geometrisch wie Utopia, in dem als einzige Regel »tu, was du willst« gilt, ein Ort, bei dessen Beschreibung Rabelais sogar manchmal seine Absicht zu parodieren vergißt, in dem alles, wie in den Utopien perfekt funktioniert (nur durch die Liebe), gibt uns einen Hinweis der Richtung unserer Suche nach dem Traum als Gegenstand des Romans.[10]

Die Abtei hat ihren Namen wahrscheinlich von einer Nymphe, »questa veneranda et sancta donna Thelemia« aus einem phantastischen Roman, der »Hypnerotomachia« des Poliphil von Francesco Colonna. Daß Rabelais

---

[9] Rabelais, Gargantua, op. cit. 2, 1.

[10] Ed. Hegaur-Owlglass 145 ff.

das Buch kannte, beweisen Erwähnungen in 1,9 und 4,25 und Übernahmen im Kapitel über Ball und Turnier bei der Königin Quinte Essence.[11]

Wie nirgends sonst in der Renaissance stoßen wir in dieser Hypnerotomachie[12] auf den Traum als Möglichkeit der Kunst. Wir gelangen hier in den feierlich als Hain gepflegten Bezirk der Phantasie, in dem sowohl Ideen entstehen als auch die historische Erfahrung als Norm auftritt. Colonna »folgt der herkömmlichen Form des allegorischen Romans, die vom Roman del la Rose bis in die Schriftstellerei Maximilians I. und weiterhin maßgebend ist; das von Dante verkündigte mittelalterliche Prinzip des Lehrgedichts herrscht hier noch unbedingt, und von Dante ist die Einleitung ebenso inspiriert, wie sich das Ganze, zuweilen sogar wörtlich an Boccaccios Allegorica, namentlich dessen Amorosa Visione anlehnt. Die von ›Poliphilus‹ geliebte ›Polia‹ ist die Personifikation des antiken Ideals der Renaissance, ihre Rolle ist jener der Beatrice in der Comedia nachgebildet, und es scheint sogar, daß sich hinter ihr ebenfalls eine reale Person verberge. Auch die allegorische Architektur des Mittelalters setzt sich wie in der ›Intelligenzia‹ und bei Boccaccio hier fort, der Palast der Eleutherilide hat auch hier moralischen Sinn. Freilich ist das die äußere Zurichtung, die hinter neuen Gedanken, der großen Renaissance-Rhapsodie über das Thema Vitruv im I. Buch zurücktritt.«[13] Dieser Charakterisierung Schlossers ist nur wenig hinzufügen. Denn in ihr ist die Voraussetzung, unter welcher Vitruvs Architekturtraktat zu einer phantastischen Traumlandschaft werden konnte, klar erkannt. In der altherkömmlichen Allegorisierungsmethode werden nach zunächst noch mittelalterlichem Brauch die Gegebenheiten der humanistisch aus Vitruv rekonstruierten antiken Architektur in einer moralisatio interpretiert. Damit sind wir fast wieder an unserem Ausgangspunkt angelangt. Die Qualitäten der hier traumhaft erfahrenen Architektur der Antike verweisen allerdings nicht mehr auf ein Anderes, auf die Glaubenswahrheiten und die christliche Tugendlehre, sondern nur wieder auf die Antike selbst. Dieses inzestiöse Verhalten, in dem Tugendbegriffe aus der Architektur der Antike gewonnen

11 Siehe dazu H. Hatzfeld, François Rabelais, 1923 und L. Thuasne, Rabelais et Francesco Colonna, in Etudes sur Rabelais, 1904.

12 Die »Hypnerotomachia Poliphili« des Francesco Colonna, 1499 bei Aldus in Venedig gedruckt, 1467 weitgehend konzipiert, aber sicher erst 1490 vollendet, war oft Gegenstand von Bearbeitungen und kunsttheoretischen Erörterungen. Letzte Monographie: M. T. Casella und G. Gozzi, Francesco Colonna, 1959. Dort vollständige Bibliographie.

13 J. von Schlosser, Die Kunstliteratur, 1924, 117.

werden, um dann nichts anderes zu bedeuten als die hinter dieser Architektur vermutete große Vergangenheit, wurde zu einer Grundlage des Utopischen. Hier ist auch der Punkt, da der Traum vernünftiger wird als der Glaube. »Der Augenblick nähert sich, wo der Universalismus der Vernunft den Konstrukteuren einer zukünftigen Menschheit seine Dienste anbieten wird. Im Traum des Campanella wird sich die Theologie zur Metaphysik umbilden.«[14] Dies gilt schon für Colonna wie für Filarete. Letzterer wurde mit überzeugenden Begründungen mit der Hypnerotomachie in Zusammenhang gestellt. Zeitlich fallen beide Romane fast zusammen.[15] An mehreren Punkten berühren sie sich. Darüber hinaus werden auch Spuren aus Alberti in der Hypnerotomachie sichtbar. In der großen Pyramide der Hypnerotomachie vermutet man eine Inspiration durch Filaretes Haus der Tugend und des Lasters.[16] »Sexcentorum imprimis bracchiorum quoquo versus spatium mihi sumendum est ... Assumptum autem spatium undique muro cinctum esse velim duas tantum portas huic destinavi. Quarum altera ad soli planitiem, altera novem bracchiis, ut pictura haec ostendit, a soli equalitate edetur per quam quicumque intraverit tres alias sectas interias offendet.«[17] »Polifilo, dopo la visita alla reggia di Eleuterillide, sarà portato da logistica a scegliere il suo destino fra tre porte, che simboleggiano la gloria del mondo e la madre d'Amore l'allegoria del Colonna è giàstata avvicinata al simbolismo del Filarete . . . tutto il meccanismo simbolico delle due porte all'entrata e delle tre porte all'interno dell'edificio del Filarete abbia suggestionato il Colonna, anche se poi lo svolgimento dell'allegoria, della favola e la stessa struttura architettonica dei rispettivi monumenti nei due testi sia del tolto diversa.«[18]

»Ubi humana omnia non nisi somnium esse ostendit« ... heißt es im Untertitel der Hypnerotomachie. Das Interesse an diesem Buch, als wissenschaftlicher Apparat in keinem Verhältnis mehr zum wirklichen Wert eines zum perpetuum mobile gewordenen Humanismus, in dem sich hinter gelehrter Attitüde Dilettantismus und lüsterne Paganität verbergen, hat sich leider kaum auf das Wesentliche gerichtet, auf den Traum als Kunst. In allen Äußerungen Colonna-Poliphilos zur Kunst wird deutlich: Der Traum ist ein

---

14 Gilson, op. cit. 179.
15 Schlosser, Kunstliteratur, 117.
16 Casella, op. cit. II, 49.
17 Hypnerotomachie h VIII r.
18 Casella, op. cit. II, 49.

Weg, die alte Herrlichkeit der Vergangenheit nocheinmal zu erleben. Wie Jupiter im »Momus« Albertis geblendet ist von der Pracht der Bauten auf Erden, so wird Poliphilo geblendet von der gleichen Pracht, die er in der Helligkeit des Traumes nach dem langen Schlaf sehen darf. Dieser Traum ist allerdings etwas anderes als Hervorbringung des Unterbewußten. Er ist vielmehr historische Archäologie, unhistorisch gemünzt. In der dichterischen Imagination und gleichzeitigen Resignation der Dichtung wird aus Vitruv die Antike und gleichzeitig eine zeit- und geschichtslose Landschaft. Was bei Alberti noch echter Rekonstruktionsversuch ist, ist bei Colonna humanistische Landschaft geworden, nur im Traum und im Roman erreichbar.

Im Kapitel über Wand- und Deckenbildungen schreibt Alberti: »Auf der Insel Chennis in Ägypten ist das Heiligtum nicht deshalb so bewundernswert, weil das Dach aus einem einzigen Stein besteht, als daß auf so hohe Mauern ein Stein von solchem Gewicht aufgesetzt werden konnte. — Als Schmuck könnte auch die Seltenheit und Schönheit des Steines selbst dienen, sagen wir, er sei aus einer Art Marmor, aus dem auch Nero den Tempel der Fortuna in seinem goldenen Haus gebaut haben soll, rein, weiß und durchsichtig, so daß auch bei geschlossener Tür ein innen eingeschlossenes Licht sichtbar ist.«[19] Colonna macht aus den beiden Elementen ein Bauwerk, das Poliphilo staunend erblickt »non essendo finestrata ta ma tutta obtusa et solamente valve dove havendo per totto chiaramento er illuminato.«[20] »So baut fast überall Colonnas Phantasie die Schlösser und Tempel im Traume wenigstens aus, die Albertis kühnem Genius als architektonisches Problem vorschwebten.«[21] »Per il Colonna non esistono delle antichità specifiche: ne un'antichità archeologicamente esatta ed ›instaurata‹ come quella del Biondo: ne un'antichità fantastica, ma romana, come quella di Felice Feliciano nei disegni del codice Estence; esiste per lui un'antichità generale, fuori della geografia e della storia, quasi metafisica.«[22]

Die Antike als leidenschaftlich gesuchtes Land ist ein »Nirgendwo«, erreichbar nur im Traum. Sie ist Utopie. Sie ist keine geschichtliche Voraussetzung, sondern, als eben im Traum erreichbar, geschichtslos.

So beansprucht auch die Beschäftigung mit den Hieroglyphen weite Teile

---

19 De re aed. 6, 5.
20 Hypnerotomachie I, v.
21 Giehlow, op, cit. 68.
22 Casella, op. cit. II, 65.

des Buches. Das »dem göttlichen Denken entsprechende«, »die einfache und feste Form der Sache selbst« ist oft gleichbedeutend mit der antiken Form. Die Hieroglyphe ist geschichtliche Erscheinung, aber durch ihr Alter und durch die große Vergangenheit sakrosankt geworden. Und damit wenn nicht geschichtslos, so doch übergeschichtlich. An diesem Punkt aber wird das Dialektische sichtbar. Aus dem Ewigen wird der Traum. Aus dem Überzeitlichen das Unzeitliche. Die Resignation vor den »humana omnia« weist dem Zeichen das Überzeitliche zu, aber erlebbar wird es nur im Unzeitlichen des Traumes.

Wie Utopia dann keine Geschichte haben wird (trotz aller Erzählungen von einer solchen), sondern als perfekte Institution geschichtslos sein muß, ist die Landschaft der Hypnerotomachie geschichtsloses Idyll, architektonisches Arkadien, konstruiert aus Vitruv und Alberti.[23] Neben architekturtheoretischen Vorbildern werden natürlich eine ganze Reihe von antiken und humanistischen Autoren wirksam: Apuleius, Paulus Diaconus, Cellius, Nonnos, Ovid, Plinius d. Ä., Servius, Varro, Biondo, Caviceto, Vinciguerra u. a.[24]

In einer der schönsten Illustrationen zur Hypnerotomachie sehen wir ein großes Trümmerfeld.[25] Im Vordergrund Reste einer oval umlaufenden Mauer, darüber gefallen Trümmer eines antiken Gebälks, Säulenstümpfe, Basen, Steine. Im Hintergrund steht der Rest eines einst großartigen Gebäudes. Aber die Wölbungen des Trikonchos (?) sind eingestürzt. Rechts davon, etwas weiter dem Hintergrund zu, ragt, unten von Bäumen verdeckt, ein Obelisk hervor. Er hat die Stürme der Zeit makellos überdauert. Während die Architektur dahinter schwer gelitten hat. Eine Palme, höher noch als der Obelisk, steht auch noch gerade. Aber sie wird längst gefallen sein, wenn der Obelisk immer noch gerade steht. Vor den Trümmern steht, am Eingang zur antiken Vergangenheit, ein Paar, Poliphilus und Polia. Am Deuten der Frau erkennt man, daß sie dem Manne alles erklärt. Beide stehen da, gefangen von der Pracht wie die Kinder im Märchen.[26]

---

[23] Casella, II, 33: »Che la cultura architettonica del Colonna dipende da Vitruvio e dall'Alberti è sempre stato detto con una tradizione davvero ininterotta. Ipotesi ovvia, perchè fino a quegli anni del Quattrocento non ci sono altri trattati d'architettura da immaginare sugli scaffali dell'ideale biblioteca del Colonna se non forse quello fantastico del Filarete.« Casella II, 43: Aufzählung der Übernahmung aus Alberti.

[24] Siehe ebenda 127.

[25] Hypnerotomachie II, r.

[26] Text dazu Hypnerotomachie I, cap. 18.

Die Kunst, die sie hier sehen, ist ihnen »romantisches« Erlebnis, weil sie Ruine ist. Hinter jedem Stein steht das Rätsel seiner einstigen Bedeutung. Die Lösung des Rätsels im Traum des Poliphilus wird die Erklärung Polias geben. Gerade in der Interpretation durch eine Allegorie der Antike (Polia) werden die Ruinen zur Geschichte, in dieser Geschichte aber Gegenstand der Verheißung des goldenen Zeitalters. Die »Antichità generale«, »quasi metafisica«, einerseits durch Polia verkörpert, andererseits durch die Ruinen, ist hier Gegenstand der Utopie. Die im Roman einführende Person, nach Dantes Vergil, Polia oder Hythlodeus, Personifizierung des Ideals oder des Weges, der Möglichkeit des Vordringens zum Ideal, ist eigentlich Personifizierung der menschlichen Fähigkeit der Hermeneutik. Ergebnis dieser Hermeneutik ist die Antike als goldenes Zeitalter oder die Stadt Aumaurotum.

»Die zerbrochenen Giebel, die zertrümmerten Säulen sollen das Wunder bezeugen, daß das heilige Bauwerk selbst den elementarsten Kräften der Zerstörung, Blitz, Erdbeben, standgehalten.«[27] Dies genügt jedoch noch nicht als Erklärung für diese erste Ruinenromantik. Denn die Ruine bedeutet hier weniger die Vergänglichkeit und ihre Überwindung, sondern die Chance der Hermeneutik und die Möglichkeit, in dieser Hermeneutik vorzudringen in den ungeschichtlichen Bereich des goldenen Zeitalters. Vor den Ruinen des »Poliandrion« erklärt Polia dem Poliphilus den Sinn der alten Bauwerke und welches Leben einst in ihnen herrschte. Und unversehens wird aus der Erklärung, aus der Archäologie, das ungeschichtliche Ideal. Wie die Erklärung Polias gerade vom ruinösen Zustand der Bauten provoziert und inspiriert ist, ist bezeichnend. Wie noch Winckelmann am Belvedere-Torso, vor einer Ruine, zur Schilderung des Herkules-Mythos übergeht, so ist die Ruine in der Hypnerotomachie zeitloses Zeichen, das einen größeren Verhalt verheißt und andeutet; zwischen dieser Antike als Ideal und Utopia besteht kein prinzipieller Unterschied. Wie die eine im Traum, so ist das andere durch das Segelsetzen der Phantasie erreichbar. »Fuori della geografia e della storia« — (ohne als Folgerung den leichtsinnigen Gebrauch des Wortes metaphysisch durch Casella zu übernehmen) darf man behaupten, ist seit Alberti, über Filarete und Colonna bis Morus aus dem mittelalterlichen allegorischen Roman und aus der Architekturtheorie aus dem Bild der Himmelsstadt das Bild

[27] K. Borinski, Die Antike in Poetik und Kunsttheorie, I.

der durch die Geschichte erfahrbaren, aber an sich ungeschichtlichen Verheißung des goldenen Zeitalters geworden.

1499, im Jahr des Druckes der Hypnerotomachie, 1500 ungefähr, ist die frühe Renaissance zu Ende. Die gleiche Kunst, die eine neue (alte) Welt entdeckt hatte, gibt ihre Errungenschaften ab entweder in die Resignation des utopischen Romans oder an die Kunsttheorie als archäologische Erkenntnis. Die große Konzeption Albertis hielt der Belastung nicht stand, die sie sich selbst im Anspruch auf den Bau einer neuen Welt auferlegte. Was übrigblieb sind die Trümmer und »Ruinen« einer utopischen Landschaft. Kirchen, Paläste, Findelhäuser, Hospitäler, Brücken, Plätze, Straßen, erfunden von den Brunellesco, Alberti, Filarete. In einer neuen Generation (Generation hier weniger dem Alter nach als dem neuen Stil nach), in Bramante, Leonardo, dem älteren Sangallo, dem frühen Michelangelo, Raffael, ist das utopische Anliegen zu einem kunst-immanenten Prinzip geworden: Die gesetzmäßige Vollendung der Form an sich mobilisiert jetzt alle Kräfte und wird jetzt für wenige Jahrzehnte zu einem Ausgleich zwischen Absicht und Möglichkeit führen. Das »Gesetz« wird jetzt für die Kunst gesucht und nicht mehr für eine Kunst als Gestalterin eines ganzen Lebens.

Das Ergebnis ist ein klassisches Zeitalter der Kunst. Gleichzeitig aber werden auch die — die Geister noch bewegenden — Entwürfe für Idealstädte zu faden formalistischen Gebilden und fortifikatorischen Rechenexempeln. Während einerseits in Thomas Morus der Gedanke vom Ideal der vollkommenen Stadt im Staatsroman aufgegangen ist, ist andererseits dieser gleiche Gedanke zu einem Spiel in Grundrissen geworden, zu einem Spiel in Geometrie ohne den Aufriß eines ganzen Staates.

Damit ist bereits eine Spaltung des Gedankens eingetreten. Was bei Alberti noch eine Totatität war, ist jetzt zu einem Teil Literatur, Roman und zum anderen Teil Idealgrundriß, also bildende Kunst geworden.

Mit der Utopie des Thomas Morus ist der utopische Roman als Gattung voll ausgebildet. Wie wir zu zeigen versuchten, geht dieser in einer Hauptwurzel zurück auf die Architekturtheorie des Quattrocento. Mit dieser Feststellung soll keineswegs in Frage gestellt werden, daß es noch eine andere Entwicklungslinie gibt, die auf die Utopie hinführt. Es ist die, die aus dem antiken Staatsentwurf (Platons Politeia ect.) und der phantastischen Erzählung (Platons Atlantis) über den hellenistischen Roman und die mittelalterliche »wundersame Reise«, über das Erlebnis einer fremden Welt zum Erlebnis des so fremden Utopia führt.[28] Allerdings handelt es sich um eine Entwicklungslinie, die großteils bereits auch in den Architekturtheorien sichtbar wird. Von einer Verarbeitung antiker Staatstheorien bei Alberti und Filarete war schon die Rede. Auch die Tradition des Lukianischen wurde kurz erwähnt. Aber auch die phantastische oder visionäre Reise, in der Antike häufig zu finden, im Mittelalter genau so, wie in der des heiligen Brendan zur »Insel der Verheißung« und des Iren Tundal[29], wurde nicht erst bei Morus, sondern schon bei Filarete oder Colonna zu einer Quelle. Kaum beachtet wurde in diesem Zusammenhang die Tatsache, daß aus dem dantesken Bereich direkte Linien zur Hypnerotomachie führen und sogar zu Filarete. Vor allem Fazio degli Ubertis »Dittamondo«[30] (geschrieben zwischen 1346 und 1367), eine phantastische Reise durch die drei Teile der Welt, konnte zum Vorbild werden in der Gestaltung des fremden Landes der Antike oder Utopias als erfahrbar in einem weiten Weg voller Überraschungen.

Nicht leicht zu beantworten ist die Frage, wieweit bei Morus eine Kenntnis italienischer Architekturtheoretiker direkt vorausgesetzt werden kann. Alberti dürfte ihm durch Vermittlung des Erasmus bekannt gewesen sein. Vorauszusetzen ist auch eine Kenntnis der Hypnerotomachie in dem damals weltberühmten Aldus-Druck. Filarete dagegen taucht bei ihm direkt, in einer Nennung nicht auf. Morus kannte Filelfos »Sforziade«[31], was zumindest in die Nähe des Kunstromans der Stadt Sforzinda verweist. Zudem täuscht die heutige Erhaltung des Traktates über seine einstige Beliebtheit und auch Verbreitung als Handschrift. Für den König von Ungarn verfaßte Bonfini eine lateinische Übersetzung, die Corvinus-Variante. Kopien aus dem 16. und 17. Jahrhundert sind bekannt, darunter eine aus der Bibliothek der Kö-

---

28 Die antiken Utopien wurden verschiedentlich behandelt. So bei R. von Mohl, op. cit. und vor allem bei E. Rohde, Der griechische Roman und seine Vorläufer, 1900², vor allem Teil II, 3. Rohde nennt den Komplex treffend: Verbindung ethnographischer Fabulistik mit philosophischen und politischen Idealvorstellungen. Siehe auch: H. C. Baldry, Ancient Utopias, 1956; E. Salin, Platon und die griechische Utopie, 1921; A. S. Thomas, A History of Greek Political Thought, 1951. Weitere Literatur bei Falke, op. cit. 94.

29 Dazu Doren, op. cit. 183 und Gröber, Grundriß der romanischen Philologie II, 1, 277.

30 Siehe: Ed. G. Corsi, Il Dittamondo e le rime, 1952, Scrittori d'Italia. Und: N. Sapegno, Storia letteraria d'Italia, IV, Il Trecento, 1934, 129 ff.

31 Das geht aus einem Brief des Jerome Perbonus von 1532 (?) hervor. The Correspondence of Sir Thomas Morus, 1947, Nr. 187.

nigin Christina von Schweden.[32] Vasari kannte den Text, genau so wie Cataneo, der ihn in seinem Idealstadtprojekt verarbeitete.[33]

Selbst wenn Morus Filarete nicht direkt kannte, so darf damit nicht bestritten werden, daß er seinen Roman von Utopia schrieb als in einer Tradition stehend, die über den italienischen Humanismus führt, vor allem aber über die Theorien vom vollendeten Staatsgebäude.

Allerdings ist jetzt, eben bei Morus, aus dem architektonischen Gebäude Albertis und Filaretes, auf dem Fundament des pädagogischen Eros errichtet, ein rein pädagogisches Gebäude geworden, an dem die Kunst selbst nur noch Ornament, wenn nicht sehr gefährlich ist. Damit ersteht eine neue Frage (die sich allerdings schon bei Alberti teilweise stellen müßte): Die nach der Rolle der Kunst *in* Utopia. Die Architektur dort – was sich schon im allegorischen Gebäude bei Filarete andeutete – ist zum signifikanten, symbolhaften Staatsgebäude geworden. Sie ist aber kunstvoll nur noch im Sinne der Erfindung. Damit scheint die Kunst selbst überflüssig geworden zu sein. Tatsächlich ist ihre Rolle im fertigen utopischen Staat sehr begrenzt. Wieder einmal wird die platonische Kunstfeindlichkeit ihre Macht zeigen.

---

[32] Siehe Tigler, op. cit. 13 ff.

[33] Pietro Cataneo, I quattro primi libri di architettura, Venedig, Aldo, o. J.

Mit einem geraden Richtscheit messe
ich aus, auf daß
Der Kreis ins Quadrat gebracht werde
und in der Mitte
Der Marktplatz, die Straßen führen
zu ihm hin
Geraden Wegs auf das rechte Zentrum,
so wie von einem Stern.
Aristophanes, Die Vögel

VIII

IDEALSTADT UND IDEALE STADT

Zur Eigenheit der utopischen Stadt gehört, daß sie relativ klein ist. Sie ist Polis, Stadtstaat. Erst in der Parodie durch Rabelais nimmt alles gigantisches Ausmaß an. Das moderne Schreckensbild riesiger Einwohnerzahlen und übervölkerter Städte scheint im 15. und 16. Jahrhundert, wenn nicht auch noch bis zum 18. Jahrhundert, außerhalb der Vorstellung gewesen zu sein. Die Eugenik und Regulierbarkeit der Liebe garantiert zwar eine Kontrolle der Einwohnerzahlen; auch ist eine Erweiterung des Staates in Kolonien als dem Abbild der Stadt möglich – aber die stets undiskutierte Voraussetzung, daß Utopia in einer überschaubaren Stadt zu finden sei, verweist darauf, daß Utopia Modell ist, politisches, soziologisches und auch künstlerisches Modell. Diese Anschauung hängt sicherlich zusammen mit der anthropomorphen Kunstanschauung der Renaissance.

Von Francesco di Giorgio Martini, dem bedeutendsten Entwerfer von Idealstadtplänen nach Filarete, gibt es eine Zeichnung, die das beweist. Unter der Überschrift »Chorpo de la città« ist um eine menschliche Figur ein rechteckiger Stadtgrundriß gezeichnet, so daß auf dem Haupt die Zitadelle, am Herzen die Kirche und in der Leibesmitte der Hauptplatz zu liegen kommt: »Ultimamente e da hordinare che tuctte le dectte parti sieno alla citta tutta chorrespondenti et proportionate come li membri al corpo humano et Queste Regule siemo suffitienti quanto alla generale noticia!«[1] So ist auch Utopia

[1] Zeichnung im MS Bibl. Reale Turin, Saluzz. 148 fol I. Abb. bei Eimer, op. cit. 44. Text dazu bei Eimer 63. Das Zitat ist nicht aus dem Turiner Codex der Saluzziana, sondern des Florentiner Laurenziana-Exemplars, Bibl. Naz. Florenz II, I, 141 fol 27 v.

rührend menschlich. »Amaurotum also liegt an dem sanften Abhang eines Berges. Der Grundriß der Stadt ist fast quadratisch; denn in der Breite erstreckt sie sich, etwas unterhalb der Spitze des Hügels beginnend, zwei Meilen bis zum Fluß Anydrus, längs des Ufers etwas weiter.«[2] Die Sonnenstadt Campanellas mißt im Durchmesser zwei Meilen.[3] Dabei wird diese Größe als außerordentlich empfunden.

Hier führt auch ein Weg zu den sich seit 1500 mehrenden Idealstadtplanungen und auch Ausführungen in beschränktem Ausmaß. Das dürfte der Grund sein, warum in der augenblicklichen kunsthistorischen Forschung keine klare Unterscheidung zwischen dem utopischen Projekt und der sog. »Idealstadtplanung« zu finden ist. In der neuesten und sicherlich besten Untersuchung über »Idealstädte« nennt der Autor Hippodamos von Milet einen ersten »Utopisten« wegen der »Unklarheit und Undurchführbarkeit« seines Systems.[4] Der methodische Fehler, der sich dabei zeigt, ist ein zweifacher. Einmal ist »utopisch« hier einfach gleichgesetzt mit »unmöglich«, dem modernen leichtsinnigen Sprachgebrauch folgend, zum anderen wird das, was in den Utopien des Morus und Campanella zur Stadtplanung gesagt wird gleichgesetzt mit realen Plänen der Architekten dieser Zeit. So konnte es auch zu einer Unterschätzung der entscheidenden Rolle Albertis bei der Ausbildung des utopischen Romans kommen, weil man bei ihm noch keinen direkten Stadtplan fand und somit, von der schematischen, symmetrischen Stadtplanung her, keine Wirkung in die folgende Zeit feststellen konnte.[5]

Die Gleichsetzung von menschlichem Körper und Stadt geht letztlich wohl auf den Anfang des 3. Buches von Vitruv zurück, in dem von dem gleichen Ebenmaß im Körper und im Kunstwerk die Rede ist.

[2] Ed. Heinisch 51.

[3] Ed. Heinisch 117. Bei dieser Gelegenheit sei bemerkt, daß Campanella in seinen »Quaestiones« von 1609 Überlegungen über die beste Lage der Stadt anstellt, ob Hügellage oder Ebene, und damit direkt an die Architekturtheorie anschließt (Siehe Ed. Bobbio 56, Anm.)

[4] Eimer, op. cit. 45.

[5] Ebenda 52. »Mit Albertis 1450 geschriebenem und 1484 publiziertem Architekturtraktat pflegt man gewöhnlich den ersten Höhepunkt der Renaissance in Italien zu markieren. Den entscheidenden Beitrag für die Konzeption einer neuen Form für die Stadt hatte zu dieser Zeit jedoch schon Antonio Averlino gen. Filarete geliefert. Alberti bringt nämlich keine revolutionierenden Neuerungen, es ›ist immer noch in wesentlichen Punkten die verbesserte italienische Stadt des Mittelalters‹ für die er Verschönerungsvorschläge macht.« Abgesehen davon, daß die Chronologie hier unrichtig ist, ist hier auch der Charakter des »Planens« in der Theorie verkannt. Daß Filarete als erster einen Radialgrund-

Das, was in der Kunstgeschichte jedoch als »Idealstädte« genannt wird, sei es in Plänen oder ausgeführt, sind schematische Rechenexempel ohne Anspruch auf Gestaltung des ganzen Lebens in der Stadt. Sie sind das Spaltungsprodukt, das hervorging aus der quattrocentesken Spannung von Suche nach kanonischer Form und ins Phantastische gesteigertem pädagogischen Anspruch der Kunst.

Ein Beispiel für den neuen Typ der schematischen »Idealstadt« ist das Projekt Albrecht Dürers. Vorausbemerkt sei noch, daß die Bezeichnung »Idealstadt«, in der Kunstgeschichte ein fester Begriff, im Deutschen wenn nicht unzulässig, so doch, für solche Projekte gebraucht, falsche Vorstellungen zu erwecken imstande ist. Während im Italienischen — der jüngere Vasari nennt sein Stadtprojekt »città ideale« — der Zusammenhang des Wortes mit der »Idea« spürbar ist und damit in einer Nuance noch die »Inventione« anklingt. Im heutigen deutschen Sprachgebrauch denken wir nur an »perfekt«. Die »Idealstadtpläne« seit Francesco di Giorgio sind zwar perfekt als geometrisches Schema, aber sie sind keine Staatsgebilde, die, im Sinne Albertis, nur noch zu verschlechtern sind. Sie sind »Planstädte«.

So auch die Stadt Albrecht Dürers. Sein Buch »Etliche underricht zu befestigung der Stett Schloss und flecken« erschien im Druck 1527. Wie Wilhelm Waetzoldt[6] bereits erkannte, muß es in Verbindung mit den anderen theoretischen Arbeiten Dürers gesehen werden, der »Underweysung der Messung mit dem zirckel und richtscheyt« (1525) und den posthum erschienenen »vier Büchern von menschlicher Proportion«. »Diese drei Bücher sind ihrem Inhalte nach verwandt. Als Werke einer im wesentlichen mathematisch gerichteten Phantasie reden sie von Dingen, die sich mit Messung fassen lassen. Dürer entwickelt in ihnen seine Konstruktionstheorien von Mensch und Tier, von Geräten und Denkmälern, von Stadtplänen und Befestigungen.«[7] Damit ist eigentlich schon das Wichtigste über Dürers Planstädte gesagt. Das Fortifikatorische als neue Aufgabe wird zu einem Rechenexempel. Und die Geometrie produziert die perfekte Form.

Auch wenn Dürer, anders als Filarete und Francesco di Giorgio[8], im Grund-

---

riß für die Stadt entwarf, sagt lediglich, daß sich bald aus der umfassenden Utopie der Grundrißschematismus des 16. Jahrhundert abspalten wird.

6 W. Waetzoldt, Dürers Befestigungslehre, 1917.

7 Ebenda 9.

8 Neben Eimer, op. cit., 61 ff. siehe zu F. di Giorgio: G. Münter, Die Geschichte der Idealstadt, Städtebau XXIV, 1929, 255 ff.

riß seiner Stadt ein Quadrat benutzt, so ist die Ahnenreihe seines Projektes klar. Vitruv wird wörtlich erwähnt[9]; Dürer kannte aber auch Neuanlagen, wie die Befestigung von Ferrara von 1512[10], die ihn angeregt haben dürfte.

Wie E. W. Palm glaubhaft machte[11], kannte Dürer auch den Plan von Tenochtitlan, der 1524 in den Briefen I u. II von Cortés in Nürnberg veröffentlicht wurde.[12] Tatsächlich sind der Entsprechungen ebensoviele wie zu den italienischen Theoretikern. »La descripción de la gran ciudad lacustre, de la cual Cortés en 1524 hubo de decir que dentro de cinco años seria la ›mas noble y populosa ciudad del mundo‹ debió estimular la fantasía de los lectores de Nuremberg como excitó la de toda Europa, hasta tal punto, que la isla en la cual está situada la ciudad americana, pudo asumir el papel de isla ideal y figurar entre las varias islas utópicas de los isolari de siglo XVI ...«[13]

Ohne die Entdeckungen in diesem Zeitraum sind die Utopien sicherlich kaum denkbar. Morus erwähnt Vespucci. Und noch der spätere Wilde, der bessere Mensch, geht auf die Entdeckungen einer noch unberührten und intakten Welt zurück.

Wichtig ist aber auch noch ein anderer Hinweis Palms: Der auf das »Inselhafte« der Stadt. Unter diesem Gesichtspunkt wird man sogar das neue Interesse am Fortifikatorischen anders als nur von der Notwendigkeit diktiert ansehen. Utopia ist nicht nur eine Insel, weil es im Meer, weit weg, liegt, sondern auch weil es ein isoliertes Gebilde sein muß und will. Es ist ein ausgegrenzter Bezirk, geradezu ein »Templum«. An seinen Mauern wird ein Ideal gegen die Wirklichkeit verteidigt. Überblickt man die Liste der Künstler als Festungsbauer, von Francesco di Giorgio über Leonardo und Dürer bis Michelangelo, so darf man vermuten, daß nicht immer eine konkrete Kriegsgefahr, sondern eine Ästhetisierung der alten mittelalterlichen Mauersymbolik der Anlaß der künstlerischen Fortifikation wurde und der Drang, das Stadtgebilde als vollendetes geometrisches Kunstwerk nach außen hin abzugrenzen; auszugrenzen aus dem ungestalteten Bereich des Landes schlechthin.

---

9 »In der Mitten soll das Königliche Haus (stehen) auf einem gevierten Platz von 800' Seitenlänge, von dem keine Ecke abgestumpft ist, nach Angabe des alten Römers Vitruvius erbaut.« (Abschnitt über die Befestigung des Schlosses.)

10 Siehe Waetzoldt, op. cit. 48.

11 E. W. Palm, Tenochtitlan y la Ciudad ideal de Dürer, Journal de la Société des Americanistes, N. S. 1951, 59 ff.

12 Abbildung bei P. Zucker, Town and Square, 1959, Plate 42.

13 Palm 64.

Noch bevor Alberti von der Stadt selbst spricht, spricht er von den Stadtmauern: »Die Stadtmauern errichteten die Alten unter feierlichen religiösen Zeremonien und weihten sie der Gottheit, in deren Schutz sie sich begeben wollten. Sie meinten, daß durch keine menschliche Macht das Gut der Sterblichen genügend geschützt werden könne, ja daß sogar Schmach und Treulosigkeit zwischen den Menschen herrsche und immer, sei es durch eigene Nachlässigkeit, sei es durch die Mißgunst der Nachbarn, die Stadt wie ein Schiff im Meere dem Zufall preisgegeben und Gefahren ausgesetzt sei.«[14] Von einem Verweis auf Platons »Wächter« werden wir von diesen Mauern wieder auf die Stadt als moralische Instanz verwiesen[15]. Die Mauer, die Fortifikation, ist der Garant der für die Renaissance so bezeichnenden Abgeschlossenheit in der Individualität geworden. Wie das Modell begreifbar und überschaubar sein soll, so soll die vollkommene Stadt völlig determiniert sein. Der Graben um die Stadt macht diese zur Insel, die Mauer macht sie zur »Persönlichkeit«.

Obwohl Dürer in einem Grundriß auch eine Einteilung innerhalb der Stadt gibt, einen »Bebauungsplan«, durch welche den einzelnen Ständen und Handwerken Plätze innerhalb der Mauer zugewiesen werden[16], obwohl sich in dieser Distribution die Tradition der »Einteilung des Staates« fortsetzt (von Hippodamus und Platon bis Alberti und weiter ein fester Begriff), ist sein Buch eine Befestigungslehre.

Die »mathematisch gerichtete Phantasie« erstellt formale Modelle, die – im engen Sinn des Wortes – determiniert werden durch die Fortifikation, die ebenfalls ein Rechenexempel ist. Fast möchte man sagen, in der Fortifikationslehre habe sich (neben dem realen Bedürfnis) eine der vielen utopischen Eigenschaften verselbständigt: Die Abgrenzung des Modellgebildes scheint hier zu einem Selbstzweck geworden zu sein. Das »Insulare« Utopias ist hier zur Praxis geworden. Was aber beschützt und umgrenzt wird, ist nicht mehr der Entwurf eines Staates, sondern ein geometrisches Kunstwerk.

Wie sehr der »Inhalt« der geplanten Städte im 16. Jahrhundert unwichtig geworden ist, das zeigt, daß Dürers Angaben über die Einteilung der Stadt nach sozialen Gesichtspunkten eine Ausnahme geworden sind. Fast überall sonst ist die Suche nach geometrischen Normen und die Konstruktionstheorie

---

14 De re aed. 4, 1.
15 Ebenda 4, 3.
16 Eine Zusammenfassung dieser Einteilung bei Waetzoldt, op. cit. 70 f.

in den Vordergrund getreten. Es handelt sich um Planstädte. Diese lassen sich auch ausführen.[17]

Ein Beispiel dafür, wie nicht nur das geometrische Grundrißdenken, sondern auch das Denken in paradigmatischen Bautypen (bei Filarete erstmals voll auftretend) schematisch geworden ist, zeigt die »Città ideale del Ca. Giorgio Vasari inventata e disegnata l'anno 1598«[18]. Der Neffe des berühmten Onkels kannte den Traktat des von eben diesem (Onkel) geschmähten Filarete sicherlich sehr gut. »Havendo io per tanto a far la pianta d'una città da edificarsi, ho eletto un posto di farlo in sito piano che in montagna per meglio accomodarmi a spiegare il concetto mio ...«[19] Sicherlich bezieht sich die Perfektform auf die allgemeine Planung und nicht auf ein direktes Projekt; aber sie ist bezeichnend für die Konkretisierung in der Phantasie. »Il piano adunque dove tale città si havesse a edificare saria bene che fusse fertile, in buon aria ed ni lungi ad alcun fiume navigabile ...«[20] Der alte Topos der gesunden und vorteilhaften Lage taucht noch einmal auf. Dann aber folgen Zeichnungen mit einem Stadtplan, in dem sich die Sternform des Achtecks mit dem Quadrat verbindet (als Ausgleich der immer wieder gegeneinander ausgespielten Grundmöglichkeiten), Kirchenpläne, Klöster, ein Jugendheim, der Marktplatz, ein Justizpalast, Villen, Häuser, Thermen, Arsenal, Hafen und auch ein Gefängnis[21]. An keiner Stelle jedoch sehen wir mehr als ein Musterbuch von

---

17 Über ausgeführte Planstädte siehe: Eimer, op. cit. 57 ff. Nachdem schon das Mittelalter, so wie vorher die Antike, bei Neuanlagen sich geometrischer Figuren bediente, ist die Erkenntnis, daß es seit Filarete in Italien auch sternförmige (auch ausgeführte) Stadtanlagen gibt (Grammichele, Palmanova), nicht allzu erstaunlich und die formalistische Betrachtung derselben sehr langweilig.

18 Unveröffentlichtes MS in den Uffizien von Florenz, Gabinetto degli estampi Nr. 4529 bis 94.

19 Ebenda 2.

20 Ebenda.

21 Da das MS noch nicht publiziert ist, geben wir hier eine abgekürzte Inhaltsangabe. Sie bezeichnet den zu dieser Zeit für wichtig gehaltenen Aufgabenbereich der Architektur:

fol 3 : Kirchenfassade	48 : Freilichttheater
6 : Stadtplan	49 : Zecca
8 : Dom	50 : Thermen
9—14 : Kirchen und Klöster	51 ff : Kanonikerwohnungen
18 : Jugendheim	58 : Spital
40 : Villa für Handwerker	59 : Brücke
41 : Bauernhaus	60 : Arsenal
43—44 : Stadtpaläste	61 : Hafen
46 : Lagerhaus	62 : Gefängnis
47 : Zeughaus	

Bautypen. Die Vollständigkeit derselben ergibt eine Stadtplanung. Um eine ideale Planung als Staatsentwurf handelt es sich nicht. Vasaris Titel der »Città ideale« findet sich dabei schon in dem – schlecht tradierten – Traktat Ammanatis[22], der aus einer Zeichnungssammlung rekonstruierbar ist. Auch in diesem handelt es sich »nicht eigentlich um einen Entwurf zu einer idealen Stadtanlage, – wir finden also keinen Stadtplan mit den dazugehörenden Zeichnungen, – sondern vielmehr um eine stattliche Reihe von mustergültigen Entwürfen zu Gebäuden, wie sie etwa eine neugegründete Stadt zur Zeit Ammanatis, um vorbildlich zu sein, hätte besitzen müssen.«[23]

»Mit der immer stärker werdenden Beachtung des Technischen gegenüber dem Künstlerischen mußte die ideale Stadtanlage allmählich zu einer Form gelangen, die, so unkünstlerisch wie nur irgend möglich, den jetzt einsetzenden schnellen Verfall zeigt. Wieweit dieser Verfall einige Jahre nach dem Erscheinen des Scamozzi-Werkes[24] vorgeschritten war, zeigt am besten ein Traktat über Befestigungswesen von der Hand eines Anonymus. An der Hand einer ganzen Anzahl von Entwürfen zur Stadtanlage, die sich in diesem Traktate vorfinden, kommt man sehr bald zu der Überzeugung, daß hier nur mehr das tote Schema noch Geltung hatte, daß jede Rücksicht auf künstlerische, räumliche Gestaltung diesem Schema gegenüber in den Hintergrund trat ... Damit hat die Entwicklung der Idealstadt auf italienischem Boden, so verheißungsvoll auch ihre Anfänge bei Filarete und Francesco di Giorgio waren, ein überaus klägliches Ende gefunden.«[25] Münter sucht im Folgenden nach den Gründen dieses Verfalles. Der eigentliche Grund wird dabei allerdings nicht genannt:

Die Spaltung der auf den ganzen Staat ausgerichteten Kunstkonzeption der frühen Renaissance in das Phantasiegebilde des literarischen, utopischen Romans und das rein formale, kunstimmanente Gebilde der geometrisch errechenbaren Stadtgrundrisse. Letztere sind, um zu Waetzoldts Bemerkung über Dürer zurückzukommen, Analoga zu den Bemühungen um das »Maß« der menschlichen Figur; diese, nach dem rechten Maß geformte Menschen-

---

[22] Uffizien, Gabinetto degli estampi, Nr. 3382–3464.

[23] Münter, op. cit. 320, Anm. 1.

[24] Vincenzo Scamozzi, L'Ideal della Architettura Universale ... divisa in X libri, Venedig 1615. S. 164 wirft S. Platon vor, er habe seine Stadt in den Details zu wenig erklärt – was sehr bezeichnend ist.

[25] Münter, op. cit. 323.

gestalt aber unterscheidet sich vom huomo virtuoso Albertis eben wie die Planstädte von Albertis idealer Stadt.

Dabei darf nicht verkannt werden, daß gerade in diesem geometrischen Schematisieren unter den Postulaten von Harmonie und Proportion ein primär moralischer Anspruch steht. »This concept, developed by the Stoics, unquestioningly accepted by a host of followers from Vitruvius and Cicero to Lucian and Galen, surviving in medieval Scholasticism and ultimately established as an axiom by Alberti who does not hesitate to term it the ›absolute and primary law of nature‹ – was the principle called συμμετρία or ἁρμονία in Greek, ›symmetria‹, ›concinnitas‹ or ›consensus partium‹ in Latin, ›convenienza‹ or ›conformità‹ in Italian, and ›Vergleichung‹, or more frequently, ›Vergleichlichkeit‹ in Dürers German. It meant, to quote Lucian, the ›equality and harmony of all parts in relation to the whole‹ (Zeuxis, 5), or, to quote Alberti, that which is achieved if ›all the members, in size as well as in function, kind, color and other similar things concur toward one beauty‹. That this principle of harmony, congruity or ›symmetry‹ (in the original now obsolescent sense) implies the rule of the hopy medium would be evident even if Galen had not expressly said: We will mentally experience as, ›symmetrical‹ whatever is equally removed from either extreme‹ (Περί κρασεων, I, 9). For, since the excessive greatness or smallness of any part would destroy the harmony of the whole necessarily depends on the ›medial‹ charakter of the parts and vice versa.«[26] Nachdem Alberti schon in »Della Pittura«[27] das Symmetrieprinzip definiert hatte und damit in die Renaissancekunst einführte[28], kommt er in »De re aedificatoria« noch einmal darauf zurück: »Die Schönheit ist eine Art Übereinstimmung und ein Zusammenklang der Teile zu einem Ganzen, das nach einer bestimmten Zahl, einer besonderen Beziehung und Anordnung ausgeführt wurde, wie es das Ebenmaß, das heißt das vollkommenste und oberste Naturgesetz fordert.«[29] Die Harmonie ist dabei ein Lebensprinzip. »Das ganze Leben und Denken des Menschen erfüllt es, und die ganze Natur durchzieht es. Denn alles, was die Natur hervorbringt, dies alles ist nach dem Gesetze der Ebenmäßigkeit geschaffen . . .«[30] Selbst

---

26 E. Panofsky, Albrecht Dürer, 1943[5], 276 f.

27 Ed. Janitschek 179.

28 Siehe Tigler, op. cit. 50.

29 De re aed. 9, 5.

30 Ebenda 6, 4. Siehe auch: A. Blunt, Artistic Theory in Italy 1450–1600, 1956, 15 f.

wenn Alberti kein eigentliches philosophisches System hatte, in dem die Begriffe Natur und Kunst einheitlich gebunden sind, so ist es doch bemerkenswert, in welchen Zusammenhängen bei ihm von Natur die Rede ist. »... a me certo parrà potere affermare questo, che tutti i mortali sono da essa natura compiuti ad amare e mantenere qualunque lodatissima virtù; e non è virtù altro se non in sé perfetta e ben prodotta natura.«[31] Über die »Natur« sind Tugend und Schönheit, d. i. Harmonie, Symmetrie, miteinander verklammert.

Die »moralisatio« der Symmetrie – aus dem Mittelalter leicht nachzuweisen – ist bei Alberti Schönheit in der Tugend geworden und Ausdruck der Vollendung im Staatswesen. Von hier aus konnte die Symmetrie auch zum wesentlichen Gestaltungsprinzip der utopischen Stadt und der Planstadt werden. Während aber im utopischen Roman die Symmetrie zum Symbol der quasiparadiesischen Perfektion des Staates wurde[32], wurde die Proportionslehre in der Architektur und Malerei mehr und mehr zu einer Suche nach den Regeln *in* der Kunst, nur noch auf diese zielend.

Knapp vor der Utopie des Thomas Morus erschien im Druck Luca Paciolis »De divina proportione«[33], wo »der berühmte, in seiner Anwendung auf die Theorie der Bildkunst fast berüchtigt zu nennende ›Goldene Schnitt‹ der alten Mathematik, reichlich durchsetzt von mystisch-spekulativen Elementen, deren Erörterung hier in die für die Konstruktionsmethoden des Quattrocento so wichtige Lehre von den fünf regelmäßigen Körpern ausmündet.«[34] Mit dem gleichen Eifer, mit dem man nach Gesetzen für den idealen Staat suchte, werden jetzt Gesetze für die Kunst gesucht. Die große Konzeption Albertis ist aufgespalten in die Staatsutopie des Morus und die reine Architektur- und Kunsttheorie der beginnenden Hochrenaissance. Diese Hochrenaissance entwirft noch Planstädte, aber das einzige Gesetz, das in ihnen herrscht, ist das einer formalen Harmonie. Im utopischen Staat des Morus wird umgekehrt die Kunst nur noch eine sehr beschränkte Rolle spielen.

---

31 Della Familia, Ed. Bonucci II, 93.

32 So spielt auch die Zahlensymbolik bei Campanella z. B. eine große Rolle. Siehe dazu Ed. Bobbio 58.

33 Abgeschlossen 1497, gedruckt 1509 in Venedig.

34 J. von Schlosser, Die Kunstliteratur, 124.

Alles unser Erkennen, also alle Tätigkeit unseres Verstandes, ist entweder selbst bildlich oder doch nicht ohne Bild.
Giordano Bruno, De imaginum, signorum et idearum compositione

IX

DIE ROLLE DER KUNST IM UTOPISCHEN STAAT

Der faszinierende Prozeß, in dem sich seit etwa 1300 und vor allem in Italien eine Kunst entwickelte, die einen bewußten Anspruch auf die Gestaltung des öffentlichen, staatlichen Lebens erhob, ist gegen 1500 abgeschlossen und dieser Anspruch gespalten in die Theorie vom utopischen Staat und die Theorie von der in sich vollendeten Kunst.

In diesem Augenblick, da mit Morus einerseits in voller Ausprägung der utopische Staatsroman da ist und da andererseits in Pacioli, Leonardo, Dürer und vielen anderen die Kunstgesetzlichkeit zu einem autonomen Prinzip wurde, flackerte der alte Streit um den Wert der Mimesis von neuem auf. Die eigentliche Kunsttheorie ignorierte das platonische Problem, unterdrückte es gewissenhaft. In der utopischen Staatstheorie mußte es sich zwangsläufig stellen. Bei Alberti hatte die Kunst den idealen Staat verheißen. Bei Morus ist das Kunstgebilde des utopischen Staates von dieser Kunst — die anderswo Planstädte zeichnet — unabhängig geworden. Damit gibt es das Problem der Kunst *in* Utopia und nicht mehr das Problem Utopias *als* Kunst.

Die Ansätze zu einem Nachlassen der Kraft der Kunst im utopischen Bau liegen bereits bei Filarete. Schon bei ihm ist die utopische Stadt im wesentlichen ein Grundriß, während Aufriß und Perspektive durch den erzählenden Roman ersetzt sind. Dieser Roman ist nicht zuletzt auch das Ausweichen einer mittelmäßigen Begabung in die Erzählung. Durch die Rahmenhandlung wird der fehlende Auftrag kompensiert. Durch die Schilderung vom Leben in Sforzinda vor allem aber das Fehlen eines überzeugenden architektonischen Aufrisses. Ein Sympton für das Nachlassen in der künstlerischen Vorstellungskraft vom Staat ist das Ausweichen in das Detail der wohnbaren Praxis. Während bei fast allen künstlerischen Usurpationen, vom mittelalterlichen Schloßbau bis herauf zu Versailles die Hygiene beispielsweise geradezu vergessen wurde, mit dem Erfolg, daß Versailles zeitweise wie eine Kloake stank, widmet Filarete derselben im Abschnitt über das Spital in Sforzinda großen Raum[1]. Er erfindet eine Technik der Belüftung und Sauberhaltung. Hier, im utopischen Bereich, beginnt eigentlich die moderne Baukunst mit der immer wieder hervorgekehrten Wichtigkeit der »Wohnfunktion«. »Form follows function«, das moderne Schlagwort, ist schon bei Filarete hinter den Zeilen zu lesen. Schon jetzt wird zu einem Teil die Kunst in Utopia von ihrer Funktion her begründet. Damit steht Filarete in vielem Morus bereits näher als Alberti.

In Utopia sind die Häuser, während sie früher steile Dächer hatten, jetzt flach gedeckt, mit Kunststeinen, »die nicht viel kosten, aber so beschaffen sind, daß sie kein Feuer fangen und andererseits besser als Blei gegen die Unbilden des Wetters schützen«.[2] Wir glauben um etwa viereinhalb Jahrhunderte vorversetzt zu sein, in die Argumentation moderner Architekten um den Wert der flachen Dächer. Schon bei Filarete und bei Morus werden Ästhetika mit der Begründung der Praktikabilität verfochten. Die Form wird diktiert von der Praxis, aber diese Praxis ist nichts anderes als der Roman, also eine Argumentation.

Die Ablösung des eigentlichen künstlerischen Vorstellungsvermögens zugunsten einer Begründung der Form als Notwendigkeit beherrscht seit Filarete neben dem Glauben an die Perfektion im geometrischen Grundriß die utopische Literatur. Ob es sich um Spitäler, Findelhäuser, ein Haus der Tugenden und des Lasters handelt – die Überlegung um die richtige Form ist diktiert von der Überlegung um die richtige Funktion. Was bei Alberti noch vielfach humanistischer Aberglaube ist, Glaube an die mühsam erarbeitete antike Erfahrung, Orakel wie Augurentum, ist bei Filarete Glaube an die Allmacht der Funktion. Nicht zuletzt daraus erklärt sich die Entstehung des utopischen Romans. Denn der »Roman« der Utopie ist vor allem eine Erzählung vom Funktionieren Utopias oder Sforzindas. Er ist die Schilderung des Praktischen der so eingerichteten Stadt, und in dieser Schilderung wird lediglich die Argumentation um den Wert der Einrichtungen als vollendete Tatsache, quasi

1 Ed. Oettingen 340 f.
2 Ed. Heinisch 52.

zwanzig Jahre nach dem Einzug, dargestellt. Rahmenhandlung und Erzählung sind die fiktive Bestätigung der Richtigkeit der Erfindung. Immer wieder finden wir bei Filarete Sätze, daß der Fürst gekommen sei, alles besichtigt habe und festgestellt habe, es sei gut so. »Der Fürst überließ mir, nebst Geld und Befehlen, die Sorge, alle diese Bauwerke auszuführen, und reiste ab.«[3] Das ist ein oft wiederkehrender Passus. Selbstverständlich will Filarete seine Rolle als verantwortlicher Redakteur dokumentieren. Gleichzeitig aber wird die Ausführung, die Praxis, und nicht der Grundriß, zum Roman, zur Erzählung vom Funktionieren. Gerade die Ausführung, das Wachsen der Stadt in die Höhe, ihre Dreidimensionalität, ist Gegenstand des Romans, der künftig das Leben in Utopia beschreibt.

Die Parodie durch Rabelais hilft uns, das utopische Gebäude in seiner Realität zu verstehen. »Zur Auf- und Einrichtung des Klosters (Theléme) spendierte Gargantua 2 700 031 glänzende Goldvögel und für jedes Jahr bis zum vollständigen Abschluß 1 669 000 Sonnentaler und ebensoviele Sternengulden. Zu dauerndem Unterhalt stiftete er 236 900 Rosendukaten, zins- und pfandfrei und am Klostertor zahlbar. Hierüber stellte er ein schönes Schriftstück aus. Der Grundriß des Bauwerks war hexagonisch, so zwar, daß in jedem Winkel ein großer Rundturm gemauert wurde, der sechzig Schritt im Durchmesser hatte. Alle waren sich gleich an Höhe und Aussehen. Der Loirestrom floß nordwärts dran vorbei. Dort stand einer der Türme, Arktika benannt; gen Aufgang ein zweiter, der hieß Calaer, der nächste Anatole, weiterhin Mesembrine, dann Hesperia, und der letzte Cryera. Sie waren jedesmal 312 Schritt auseinander. Einer wie der andere bestand aus sechs Stockwerken, die Keller einbegriffen. Das zweite war wie ein Korbdeckel gewölbt, alle übrigen mit Zierdecken aus flandrischem Gips verschönt. Die Dächer waren mit Schieferplatten gedeckt und mit lustigen Bleimännlein und Tierfiguren geschmückt. Die Dachrinnen gingen zwischen den Kreuzstöcken bis auf den Boden; sie waren in Blau und Gold gehalten und endigten in Gräben, die nach dem Fluß liefen.«[4] Die Geschichte der Stiftung, ausgedrückt in Zahlen, die Fixierung dieser Stiftung in einem »schönen Schriftstück«, der schematische Grundriß, dann aber auch der Übergang zum Detail der Dachrinnen, also der plötzlich wichtigen »Funktion«, ist hier in parodistischer Übertreibung und als Schema belacht.

---

[3] Ed. Oettingen 327.

[4] Gargantua, cap. 53.

Der Satz von Dachrinnen in Blau und Gold, die in Gräben endigen, die wiederum nach dem Fluß laufen, scheint zunächst nicht sehr wichtig zu sein. Tatsächlich aber ist in ihm mit geradezu unheimlichem Instinkt an die utopische wunde Stelle gerührt. Noch bevor der Bau mehr als in groben Zügen beschrieben ist, weicht die utopische Schilderung in das praktische und dabei schöne Detail aus.

»Es gibt kein Haus, das nicht, genauso wie es ein Vordertor zur Straße hat, eine Hinterpforte zum Garten besitzt. Diese zweiflügeligen Türen, die durch einen leichten Druck der Hand zu öffnen sind und sich darauf wieder von allein schließen, lassen einen jeden ein: so gibt es keinerlei Privatbereich. Denn sogar die Häuser wechseln sie alle zehn Jahre durch Auslosung.«[5] Die Staatskunde wird sich vor allem des letzten, kommunistischen Satzes bemächtigen. Für den Kunsthistoriker ist der vorangehende Passus wichtiger. Denn in der Erzählung vom Türmechanismus (die Häuser zu den Türen sind kaum beschrieben) zeigt sich, daß das Architektonische zur Erzählung vom Funktionieren des Details geworden ist. Wir sind an jenem Punkt angelangt, da die Schilderung eines erfundenen Mechanismus identisch mit der Darlegung eines sozialen Umstandes ist. Durch einen leichten Druck läßt sich die zweiflügelige Tür öffnen. »Zweiflügelig« und »leichter Druck« gehören noch der Sphäre der kunstreichen Erfindung an. Daß sie »jeden einlassen«, leitet über zur sozialen Konstruktion des Morus. An dieser Nahtstelle wird aus der architektonischen Planung Erzählung. Sie ist bei Morus im Praesens gehalten: »Es gibt kein Haus . . .« Bei Alberti hieß es noch: Es soll kein Haus geben!

Was bedeutet es aber wirklich, wenn bei Filarete und Morus das architektonische Detail seine Legitimation in der praktischen Funktion findet? Daß die Schönheit jetzt erst in der Erzählung von dem Funktionieren der Architektur zum Ausdruck kommt. Und hier wiederum als Kunst an ihrer Wirksamkeit auf den Bürger, auf platonische Art gemessen werden kann.

Die utopische Stadt bei Filarete ist imaginiert, aber nicht gestaltet. Darin wird nicht nur der Übergang zur Staatstheorie, sondern auch zur Dichtung sichtbar. Zu einer Dichtung als Verheißung und als Programm: Schilderung des besseren Lebens.

Seit Filarete gibt es auch das erste imaginäre Museum als utopische Kon-

---

[5] Ed. Heinisch 52.

zeption. Im 19. Buch beschreibt er eine Ruhmeshalle für die Künstler des Altertums, die im Haus des Architekten Onitoan dargestellt waren. Noch bemerkenswerter aber ist der Künstlerkatalog, der im 6. Buch, wo es um die Ausschmückung der Zitadelle geht, erscheint. »Inzwischen waren die gesuchten Künstler eingetroffen – fast alle waren Florentiner; und während ich mit dem Stellvertreter des Fürsten die letzten Arbeiten an Brücken, Schleusen, Toren und dergl. leitete, führten sie die prächtigen Marmorverzierungen der Zitadelle aus ... Aber da sah man einen Donatello, einen Luca, einen Agostino samt seinem Bruder Ottaviano. Ferner war da ein berühmter Meister namens Desiderio; ferner ein Dino, ein Michelozzo, ein Pagno, ein Bernardo nebst seinem Bruder ... Ich würde einen ausgezeichneten Architekten namens Pippo de Ser Brunellesco berufen haben; aber er war vor längerer Zeit gestorben ... Nach einem Sienesen, einem vorzüglichen Meister, Jacomo della Quercia, hatte ich gefragt, aber auch er war tot.«[6]

Bei den hier als leider tot genannten Künstlern handelt es sich nicht um erst eben verstorbene, sondern um Künstler, die bereits in die Kunstgeschichte eingegangen waren. Somit handelt es sich hier um keine Erzählung von einer verpaßten Möglichkeit der Berufung, sondern um die Erzählung von der Gestaltung einer Stadt, die Künstler aus verschiedenen Zeiten vereinigte oder vereinigen sollte. Vasari benutzte nachweislich Filaretes Künstlerkataloge für seine Vitensammlung.[7]

Mit dieser Tatsache werden wir auf eine heuristische Möglichkeit gewiesen. Denn gerade bei Vasari ist nicht zu übersehen, daß seine Kunstbiographie ebenfalls ein utopisches Gebäude erstellt insofern, als in pragmatischer Auswahl und im Werturteil die Künstler zu einem Ensemble vereinigt werden, das, in toto, das Gebäude der Renaissancekunst ergibt. »In der Vorrede zur ersten Ausgabe von 1550 spricht er grundsätzlich aus, daß seine Künstlergeschichten der Erinnerung und dem Nutzen dienen sollen; das ist die von der gesamten Renaissance angenommene ciceronianische Forderung der Geschichte als lux veritatis, magistra vitae, vita memoriae. Ähnlich in der ›Conclusione‹: dilettando e giovando will er das Material für die kommenden Geschlechter sammeln – die alte horazische Formel des delectare und

---

[6] Ed. Oettingen 212 f.

[7] Schlosser, Kunstliteratur, 259.

prodesse. Es ist klar, daß Vasari völlig im Sinne seiner Zeit, wie sich jene Forderung an den Dichter richtet, die Geschichte als Kunst auffaßt.«[8]

Diese »Sammlung für die kommenden Geschlechter« stellt die historischen Absichten des Biographen in jenen Raum, den schon Filarete als Stadt errichtete. Es ist der fiktive Bau, der zumindest als Roman, als Literatur ein bestehendes Denkmal sein soll.

Die Kunst wird jetzt zu einem »Reich«, dem später vielzitierten »Reich der Kunst«, in dem utopisches Denken die historischen Gegenstände aus der Geschichte herausnimmt und auf den Sockel eines Monumentes des Möglichen stellt.

Bei Filarete versammelt der Bau der Stadt die »Kunstgeschichte«, nicht die Künstler. In der Beschwörung Brunnellescos († 1446) und della Quercias († 1438) wird aus Sforzinda eine historische Fiktion. In ihr soll – über die Kunst – der Traum von der idealen Stadt mit den Mitteln, die die Kunst zu bieten hat, Wirklichkeit werden. Gerade damit wird immer mehr Kunst aus der Kunst.

Bei Alberti wäre dies noch undenkbar gewesen. Bei ihm ist der ideale Staat ein wirklicher Plan. Vielleicht vor allem deshalb, weil dieser Plan nicht in die Details geht. Bei Filarete ist dieser Plan einerseits utopischer Roman, andererseits Kunstgeschichte. Sein Roman von Sforzinda ist der Roman einer Kunstgründung, in deren Mittelpunkt Antonio Filarete, Onitoan Notirenflo, Antonio Florentino steht, um den sich die Geschichte der neuen Kunst gruppiert und sich damit eindeutig von der geschmähten gotischen und barbarischen abhebt. Von jetzt an kann die Kunstgeschichte die Künstler der Vergangenheit in der Gleichzeitigkeit der Arbeit am musealen Bau der Geschichte der Kunst vereinigen. Sforzinda ist nicht zuletzt eine Utopie der Kunstgeschichte. Wie Polifilo durch die antike Vergangenheit zurückwandert, so betreten wir in Sforzinda die Imagination einer Summe humanistischer Kunstarbeit, in deren Mittelpunkt Filarete steht, Utopos gleich.

Vor dem Künstlerkatalog Filaretes, eingearbeitet in eine utopische Erzählung, stellt sich die Frage, ob nicht die, mit Ghiberti einsetzende und betont auf die Wiedergeburt der Künste ausgerichtete Kunsthistoriographie nichts anderes ist als ein Paraphänomen der utopischen Literatur. Der Gedanke von der Rinascità der Künste beruht letztlich auf der Negierung einer geschicht-

[8] Ebenda 268.

lichen Entwicklung.[9] In der Wiederherstellung wird ein status quo gesucht, den es nie gab, höchstens eben in einer kunstgeschichtlichen Synthese. Nicht viel anders ist es mit Utopia.

So erwirbt — bei Morus — Utopia seine humanistische Bildung in Überspringung der geschichtlichen Entwicklung. »Sie besitzen von mir (dem Erzähler) — auf meiner vierten Seereise hatte ich nämlich anstelle von Waren einen ordentlichen Stoß Bücher im Schiff verstaut — die meisten Werke Platons, mehrere von Aristoteles, ferner die Abhandlung der Theophrast über die Pflanzen, die aber leider an einigen Stellen Lücken aufweist; denn während der Überfahrt hatte sich, als ich nicht auf das Buch achtete, ein Affe darüber hergemacht und in ausgelassenem Spiel hier und da ein paar Blätter herausgerissen und zerfetzt. Von den Grammatikern hatten sie nur den Laskaris; den Theodorus nahm ich nämlich nicht mit, auch kein Wörterbuch außer dem Hesychios und Dioskorides. Die kleinen Schriften des Plutarch lieben sie über alles, und auch Lukian mit seinen feinen und geistreichen Witzen gefällt ihnen.«[10] »Vermutlich machten sie sich diese Literatur auch deswegen leichter zu eigen, weil sie der ihren einigermaßen verwandt ist. Ich mutmaße nämlich, daß dieses Volk von den Griechen abstammt, weil ihre Sprache, die im übrigen fast persisch klingt, noch einige Spuren der griechischen in den Benennungen der Städte und Behörden bewahrt.«[11]

Ein Vergleich dieser Stelle bei Morus mit dem Künstlerkatalog bei Filarete bietet sich an. Wie bei Filarete tote und lebende Künstler im Bau von Sforzinda als die Repräsentanten einer neuen Kunstgeschichte erscheinen, so tauchen in Utopia die Namen der philosophischen Ahnen auf als Möglichkeit einer unhistorischen Wiedererweckung bei den schnell lernenden Utopiern.

Gerade auf der Suche nach den Gemeinsamkeiten zwischen Sforzinda und Amaurotum wird man auch der Unterschiede gewahr. Sforzinda ist ein Produkt der Kunsttheorie, die sich verselbständigte und auf die neue Kunstgeschichtsschreibung verweist, in der sie selbst Gegenstand werden will. Amaurotum in Utopia dagegen ist ein kunstloser Stadtstaat. Vieles ist hier kunstsinnig, die Kunst aber ist aus ihm verbannt. Wie ist dieser abrupte Wechsel vom Kunststaat zur materialisierten Staatskunst zu erklären?

---

9 Das Material dazu bei: H. Baeyens, Begrip en Problem van de Renaissance, 1952.
10 Ed. Heinisch 79.
11 Ebenda.

Die Absicht Filaretes, seine Stadt in der Erzählung zu einer vollendeten Tatsache zu machen, wird von Seite zu Seite deutlicher. In der Heranziehung anderer Künstler zum Bau ohne Rücksichtnahme auf reale Möglichkeiten wird das, was als Kunstwerk geplant ist, zu Kunstgeschichte. Es wird aus dem Bereich der Kunstschöpfung versetzt in den Bereich der Erzählung vom »libro d'oro«, in dem die Kunst erlebt wird als Gegenstand der Erzählung. Ähnlich ist es in der Hypnerotomachie Colonnas. Die im Traum erscheinende Kunstwelt ist Kunst als zeitlose Erscheinung. Symbol dafür ist die Ruine. Denn diese ist viel weniger Zeichen für die Vergänglichkeit als für die Möglichkeit, ein Imaginiertes zu objektivieren. Was verfallen ist, muß einmal ganz gewesen sein und hat damit eine Vergangenheit, die es zu einem Faktum macht. Gleichzeitig ist diese Ruine jedoch geschichtslos, weil der Verfall sich nicht in Jahren messen läßt, sondern die Vergangenheit als solche zu einer Wirklichkeit macht – allerdings unter Ausklammerung der Geschichte.

Eine Analogie zur Ruine bei Colonna sind die Rahmenhandlungen bei Filarete, in denen sehr realistisch entweder auf die Entstehungsgeschichte Sforzindas, auf deren halbfertigen Zustand oder auf Details in der Ausführung hingewiesen werden. Zwischen halbfertig und halbzerstört ist hier kein prinzipieller Unterschied. Beidemale ist die Vorstellung vom Kunstwerk zu einer kunsthistorischen Anschauung geworden.

Erstaunlich ist, daß wir schon bei Filarete Ansätze zu einer utopischen Kunstfeindlichkeit finden. Im 20. Buch erzählt er von der Verwaltung der Stadt des Zogalia und von deren Gesetzen. »Ferner ward die Frage der Aussteuer und Frauenkleidung gründlich geregelt; eine Vierer-Kommission hatte sie eigens zu überwachen ... Nie durfte mehr als die Hälfte der Aussteuer in Putz angelegt werden. – Die Adeligen hatten das Recht, rosenfarbige Kleider zu tragen; übrigens durften sie aber nur ein Kleid von Silberstoff, zwei von Seide, und für 25 Dukaten Juwelen, ihre Frauen ein Kleid von Goldstoff, zwei von Silberstoff, zwei von Seide, von Wolle beliebig viele, und für 200 Dukaten Schmuck besitzen ...«[12] Die analoge Stelle bei Morus findet sich in der Erzählung vom Besuch der Gesandtschaft der Anemolier, wo erklärt wird, warum prunkhafte Kleidung nicht als ehrenhaft gilt.[13]

Selbst wenn man in Kleiderfragen nicht gleich Kunstfragen sieht, so sind doch diese Ansätze eines Puritanismus in einem Kunsttraktat erstaunlich. Die

[12] Ed. Oettingen 533.
[13] Ed. Heinisch 66 ff.

Vollendetheit des Staates, eine der größten Abstraktionen des menschlichen Denkens, zeigt jetzt zum erstenmal seit Platon wieder seine tyrannische Macht: Im Gedanken an das Funktionieren des Staates wird vieles überflüssig.

So zeichnet sich bei Filarete auch schon eine Problematik des Bildes im utopischen Staat ab. Der Palast des Bürgermeisters wird über seinem Haupteingang mit einer Darstellung der Wahrheit und der Lüge geschmückt (von Paolo Uccello!). »Im Hauptsaale wurde eine Gerichtsverhandlung abgebildet, mit den Überschriften: ›Urteile nie im Zorn‹ und ›Höre, ehe du urteilst, auch den anderen Teil‹.«[14] Zunächst ist dies Ausdruck jenes seit Alberti immer wieder beteuerten Glaubens an die pädagogische Macht der Kunst. Von hier aus aber, wo das künstlerische Stadtgebilde der Utopie sich emanzipiert hat von der städtebaulichen Wirklichkeit, wird dieses Bild dem Bilderstreit ausgesetzt sein, der bald über das Abendland hinweggehen wird. Bezeichnend ist, daß Filarete nicht die Bilder beschreibt, sondern in ihrer Überschrift bereits alles sagt, was die Bilder zu sagen haben.

Sehr bald wird das Bild als solches anstößig sein. Der Exponent dieser Meinung wird Calvin sein. Noch wird es immer Bilder geben, »doch ist ihm nur das Wort, das ›fabula docet‹ daran wichtig. Das Bild darin hat ihm nur Gedächtnis-, keinen Lehrwert. Die imaginatio ist nützliches Instrument für den Forscher.«[15] So ist das Bild auch bei Morus, und vor allem bei Campanella nur noch eine Bildersprache, geeignet zur Erziehung der Jugendlichen, vorausgesetzt, daß ihr Inhalt richtig ist. Aus dem pädagogischen Anspruch an die Kunst bei Alberti geht über Filarete lediglich der Anspruch an den richtigen Lehrinhalt in die utopische Literatur ein.

Zwar ist bei Morus und Campanella immer wieder die Rede von der Pracht der Gebäude, der Tempel in Utopia. Von allen Künsten jedoch spielt bei Morus nur noch die Musik eine Rolle in der Bildung und bei Campanella ist das Bild völlig zu einem didaktischen Instrument geworden.

Die sieben Mauerringe der Stadt sind durchgehend bemalt: »Auf der In-

---

[14] Ed. Oettingen 322.

[15] K. Borinski, Die Antike in Poetik und Kunsttheorie, II, 1923, 25.
Das ganz große Gebiet des Bilderstreites im 16. Jahrhundert kann hier leider nicht berücksichtigt werden. Der Verfasser will diese Lücke wenigstens teilweise schließen in einer geplanten Arbeit über den biblischen Verismus im 16. und 17. Jahrhundert, über die »Irrtümer in der Malerei«, d. h. über die Bildkritik der Reformation und auch Gegenreformation unter dem Gesichtspunkt der Richtigkeit im Bildinhalt.

nenseite der Mauer des ersten Ringes erblickt man alle mathematischen Figuren, und zwar bei weitem mehr, als Archimedes und Euklid erfanden ... Auf der nach außen gewölbten Seite dieser Mauer steht zunächst die genaue und vollständige Beschreibung der einzelnen Gegenden. Dabei sind auch die Sitten und Gebräuche, die Gesetze, der Ursprung und die Machtmittel der Einwohner in kurzen Worten auseinandergesetzt; ebenso sieht man die Alphabete aller Völker über dem Alphabet des Sonnenstaates. Auf der Innenseite der Mauer des zweiten Ringes ... erblickt man alle Arten von edlen und gewöhnlichen Steinen, Mineralien und Metallen gemalt, ebenso wirkliche Bruchstücke davon als Proben (›veri e pinti‹), jedesmal mit einer Erklärung in zwei Versen. Auf der Außenseite der Mauer sind alle Meere und Flüsse, Seen und Quellen, die es auf der Welt gibt, verzeichnet, sowie auch Weine und Öle und überhaupt alle Flüssigkeiten mit Angabe ihres Herkommens, ihrer Eigenschaften und Kräfte ... An der Innenseite des dritten Ringes sind alle Arten von Bäumen und Kräutern abgebildet, einige aber stehen in Töpfen auf dem Boden der äußeren Mauer mit Erklärungen ... An der Außenseite finden sich alle Gattungen der Fische der Flüsse und Seen und Meere, ihre Lebensgewohnheiten und Eigenschaften, die Art und Weise ihrer Fortpflanzung, ihres Lebens und ihrer Entwicklung sowie des Nutzens, den sie für die Welt und für uns haben; ferner auch ihre Beziehungen zu den natürlichen und künstlichen Erscheinungen am Himmel und auf der Erde, so daß ich in Erstaunen geriet, als ich Fische sah, die einen Bischof, eine Kette, einen Panzer, einen Schlüssel, einen Stern, ein männliches Glied und die Abbilder dieser bei uns vorkommenden Dinge im allgemeinen bedeuten ... An der Innenwand des vierten Ringes sieht man alle Arten von Vögeln dargestellt, ihre Eigenschaften, Größen, Farben, ihr Leben, ihre Gewohnheiten usw. Auch der Phönix gilt ihnen durchaus wirklich. An der Außenseite sind alle Gattungen der Kriechtiere erklärt: Schlangen, Drachen und Würmer, ebenso die Insekten ... An der fünften Innenmauer findet man die hochentwickelten Landtiere in solcher Anzahl, daß man nur so staunt. Wir kennen nicht den tausendsten Teil davon ... An der sechsten Innenwand sind alle mechanischen Künste dargestellt, die dazu nötigen Werkzeuge und ihre Handhabung bei den verschiedenen Völkern entsprechend geordnet und erklärt nebst Angabe ihres Erfinders. An der Außenseite aber sieht man die Bildnisse aller Entdecker und Erfinder wissenschaftlicher und technischer Dinge, ebenso die Gesetzgeber, unter denen ich Moses sah, Osiris,

Jupiter, Merkur, Lykurg, Pompilius, Pythagoras, Zamolxis, Solon, Charondas, Phoroneus und viele andere; sogar Mohammed ist abgebildet; indessen hassen sie diesen als einen lügenhaften und schmutzigen Gesetzgeber (Zusatz der zweiten Ausgabe). Am würdigsten Platze jedoch sah ich das Bildnis Jesu Christi und die der zwölf Apostel, die sie für besonders ehrwürdig und gleichsam für Übermenschen halten. Ich sah ferner Cäsar, Alexander, Pyrrhus und Hannibal und andere in Krieg und Frieden berühmte Helden, vor allem Römer, auf die unteren Wände der Säulengänge gemalt ... Sie haben Lehrer, die alle diese Bilder erklären, und die Kinder pflegen noch vor dem zehnten Lebensjahre ohne große Mühe, gleichsam spielend und dennoch auf historische Weise (istoricamente) alle Wissenschaften zu lernen.«[16]

Dieses wissenschaftliche und zugleich ideale Weltbild eines frühbarocken Häretikers im einzelnen auf seine Inhalte hin zu untersuchen, ist hier nicht unsere Aufgabe. Uns interessiert hier vor allem die Art und der Anlaß der bildlichen Imagination. Dazu gibt Campanella selbst viele Hinweise.

Diese Bilder an den Mauern sind dazu da, daß die Kinder aus ihnen die Wissenschaften erlernen. Dabei bilden diese Bilder kein einheitliches Bildsystem. Einerseits werden paradigmatische Historien erzählt, andererseits die Sachen selbst demonstriert. Dabei gibt es zwei Extreme: Die mythologische Fabel, die in allegorischer Bedeutsamkeit mündet, und die naturwissenschaftliche Demonstration, in der das Bild ergänzt oder ersetzt werden kann durch die Sache selbst, etwas bei den Mineralien. Es zeigt sich dabei, wie nahe in dieser Zeit Mythologie und wissenschaftliche Empirie beisammen liegen können. Es ist die gleiche Spannung, die wir schon etwa bei Leonardo finden im Nebeneinander von allegorisch-parabolischer Malerei und naturwissenschaftlichem Realismus.[17] Während aber in der Hochrenaissance, bei Leonardo genauso wie bei Raffael, die Naturwissenschaft und Empirie noch deutlich der Kunst dient, ist hier im utopischen Staat diese Kunst gespalten. Sie löst sich in zwei Extremen auf. Sie wird zum didaktischen Modell entweder als reine Parabel oder als naturwissenschaftliche Demonstration.

Am dritten Mauerring außen sind die Seetiere gemalt. Und es ist auch gemalt, was die Fische alle bedeuten können: Einen Bischof, eine Kette, einen

---

[16] Ed. Heinisch 120.

[17] Im Codex Atlanticus gibt es von Leonardo eine Zeichnung (siehe dazu Heydenreich, op. cit. 157), einen Festungsentwurf mit zahlreichen Mauerringen ähnlich wie in der Beschreibung Campanellas. Das Fortifikatorische klingt auch bei letzterem an.

Panzer, einen Schlüssel, ein männliches Glied, einen Stern. Es ist also die Rede von Hieroglyphen. Wir kommen damit wieder zu dem Problem der Hieroglyphe als utopischer Kunstform. Wie L. Volkmann zeigte, ist die Hieroglyphik in ihrer Entstehung verbunden mit der sogenannten »Ars memorativa«.[18] Diese »Kunst«, sich alle möglichen Sachverhalte ins Gedächtnis einzuprägen mit Hilfe einer Verbildlichung der Begriffe geht auf die Antike zurück, feierte im ausgehenden Mittelalter Urständ und erzeugte eine ausgedehnte Literatur in jenem Zeitraum, den Sedlmayr als den »olympischen« abgrenzte. Zweifellos ist die »ars memorativa« ein humanistisches Produkt. Selbst Volkmann aber scheint die kunsthistorischen Wirkungen derselben unterschätzt zu haben. Dabei geben schon die antiken Quellen, die wieder aufgegriffen wurden, wichtige Hinweise. Aristoteles, von dem es ein »Mnemonikon« gegeben haben soll, sagt in »der Abhandlung De memoria et reminiscentia, Kap. 2 ... man solle die zu merkenden Gegenstände bildlich betrachten, und sich an sie ἀπὸ τοπῶν erinnern, ex locorum dispositione, wie die lateinische Übersetzung noch ausführlicher sagt.«[19] Die gleiche Ansicht finden wir bei dem »Autor ad Herennium«, der früher mit Cicero identifiziert wurde[20]: »Es besteht nun das künstliche Gedächtnis aus Örtern (Räumen, Fächern) und Bildern (constat igitur artificiosa memoria ex locis et imaginibus). Unter den ersten verstehen wir die von Natur oder durch die Kunst vollendeten, mit ihrem eigenen Umriß vollständig ausgezeichneten Örter, die man leicht mit dem natürlichen Gedächtnis umfassen kann, z. B. Gebäude, Säulen, Winkel, Bogen u. dgl. Die Bilder sind gewisse Formen und Zeichen und Abbildungen der Sache, die man behalten will: dahin gehören Pferde, Adler, Löwen, deren Bilder man, wenn das Gedächtnis sie behalten soll, in gewisse Örter (Fächer) bringen muß. Jetzt will ich zeigen, was für Örter man finden, auf welche Art man sie sich zueignen und die Bilder in die Örter bringen muß.«[21] »Denn so, wie wenn wir mehrere Bekannte in einer Ordnung stehend erblickt haben, es uns einerlei ist, ob wir ihre Namen zu sagen entweder von dem obersten, oder von dem untersten, oder von dem mittelsten den Anfang machen sollen: Ebenso wird dies bei den nach einer

---

18 L. Volkmann, Ars memorativa, Jahrbuch der kunsthistorischen Sammlungen in Wien, NF, III, 1929, 111 ff.

19 Ebenda 114.

20 3. Buch, Cap. 16–24.

21 Übersetzt von Volkmann 114.

gewissen Ordnung angelegten Örtern der Fall sein, daß wir nach jeder Seite hin, an dem wievielten Orte wir nun wollen, durch die Bilder aufgefordert, sagen können, was wir den Örtern anvertrauten. Man muß daher sowohl nach einer bestimmten Ordnung die Örter anlegen, als auch die Örter, die man gewählt hat, sorgfältig überdenken, damit sie uns beständig gegenwärtig bleiben. Denn die Bilder werden wie die Buchstaben ausgelöscht, wenn wir sie nicht weiter gebrauchen: Die Örter aber bleiben, gleich dem Wachse (der Schreibtafel) auf immer zurück ...«[22] »Weil nun die Bilder den Sachen ähnlich sein und wir aus allen Wörtern die uns bekannten auswählen müssen: so folgt, daß es zweifache Ähnlichkeiten gebe, Sachähnlichkeiten und Wortähnlichkeiten. Sachähnlichkeiten werden ausgedrückt, wenn wir uns von den Dingen und Auftritten selbst Bilder im allgemeinen entwerfen; Wortähnlichkeiten bestehen darin, daß man das Behalten eines jeden Namens und Wortes mit einem Bilde bezeichnet.«[23] Ganz ähnlich beschreibt es Cicero.[24] Beide Autoren wurden maßgeblich für die »ars memorativa« der Renaissance. Das zeigt sich bei Jacobus Publicius[25], der das antike System ausbaute und neu formulierte. Gedruckt erschien sein Werk in Venedig erstmals 1482. Volkmann kennt aber schon Handschriften von etwa 1460.[26]

Neben Bildalphabeten gibt es bei ihm Zahlenbilder und (beispielsweise) ein Bild mit 25 Tierfiguren, »Figura locorum fictorum, cui tres aliae persimiles pro centum locis ingenio cuiuslibet comperari facile erit.«[27] Die Umrahmungen, in denen diese Tiere stehen, nennt Volkmann ornamental.[28] Eher dürfte es sich bei den hausähnlichen Säulenbauten um eine Verbildlichung der »loci« handeln. So, wie es hier einen »turris sapientiae« gibt, ein »räumlich symbolisches Schema«[29], eine architektonische Darstellung eines Lehrsatzes.

Ist die utopische Stadt, wie wir zu zeigen versuchten, viel weniger wirklicher Entwurf als bildhafte Imagination eines Ideals, so gleichen die Mauer-

---

22 Cap. 18.

23 Cap. 20.

24 Cicero, De Oratore, II, 86–88.

25 Jacobus Publicius, Oratoriae artis epitoma ... insuper et perquam facilis memoriae artis modus, Venedig 1482.

26 Volkmann, op. cit. 145.

27 Ebenda Abb. 147.

28 Ebenda 146.

29 Ebenda.

ringe bei Campanella sehr einer Imagination von mnemotechnischen »Örtern«. So wie der Mnemotechniker sich eine ganze Stadt vorstellt, um das, was er sich einprägen und lernen will, an den rechten Ort zu bringen, so sind die Bilder vom Kosmos bei Campanella an den richtigen Ort der richtigen Mauer gebracht.

In die Nähe der kunsttheoretischen Utopie werden wir bei einem anderen Autor verwiesen. Es gibt von Walter Hermann Ryff (Rivius) ein Buch »De memoria artificiali, quam memorativam artem vocant«.[30] Vom gleichen Autor kennen wir den berühmten »Vitruvius Teutsch«[31], in den die Hypnerotomachie und die »Emblemata« des Alciati verarbeitet sind.[32] Dieses nahe Beieinander von Architekturtheorie, Phantastik und Hieroglyphik zeigt uns einen heuristischen Weg. Ein anderer Straßburger, Lorenz Friesen, schrieb in einem mnemotechnischen Traktat von den Erinnerungszeichen: »und also haben die alten egipter ire heimlichkeiten beschriben.«[33] Bei Campanella sind etwa die Fische an dem Mauerringe »heimlichkeiten« der Ägypter. In der Bildform der Hieroglyphe wird aus dem Bild Signifikanz, deren wirklicher Ort das imaginierte Gebäude der Welt und der Geschichte ist – aber nicht mehr die Mitte der irdischen und realen Stadt.

In einem anderen Buch, von Cosmas Roselius, teilt dieser die »loci« in unterirdische, nämlich Infernum, Purgatorium, Limbus; ferner irdische, nämlich Erde, Wasser, Luft, Feuer; und überirdische, die elf Himmelssphären. Jeder dieser Abteilungen ist ein schematischer Holzschnitt beigegeben, nicht ohne Anklänge an danteske Vorstellungen. Als Unterteile der irdischen Orte nennt er Klöster, Kirchen, Häuser, Straßen, Plätze etc. mit ihren verschiedenen Räumen, auch die Werkstätten der – alphabetisch angeordneten – Handwerker.«[34] Unter neuerlicher Aufnahme der mittelalterlichen enzyklopädischen Systeme ist hier eine Stadt entstanden als Spiegel der Welt. Ist der utopische Staat etwas anderes?

So ist die Wissenschaft an den Mauern im Sonnenstaat des Campanella

---

30 Straßburg 1541. Siehe Volkmann, op. cit. 167.

31 Nürnberg 1548.

32 Siehe: Schlosser, Kunstliteratur 243 und Röttiger, Die Holzschnitte zur Architektur und zum Vitruvius Teutsch des Walther Rivius, 1941.

33 Lorenz Friesen, Ein kurzer Bericht, wie man die Gedechtniss wunderbarlicher sterken mag . . ., Straßburg 1523. Volkmann 166.

34 Cosmas Rosselius, Thesaurus artificiosae memoriae, Venedig o. J. siehe Volkmann, op. cit. 170.

auch ein Vorgriff auf den »orbis sensualium pictus« des Johann Amos Comenius[35], ein Lehrsystem von der Welt, in Bildern, der Erziehung dienend.

»Alles unser Erkennen, also alle Tätigkeit unseres Verstandes, ist entweder selbst bildlich oder doch nicht ohne Bild.« – Diese Meinung Giordano Brunos[36] bezeichnet letztlich eine abendländische Epoche, die von etwa 1470 bis 1770, in der das Bild tatsächlich in allen möglichen Formen Stütze des Denkens war. Auch die utopische Stadt ist weitgehend ein solches Bild. Aber das Bild in diesem Bild erfährt damit eine Entwertung. Wie leicht es sich aufheben kann, das zeigt die Utopie des Francis Bacon[37], in der aus den Mauerbildern bei Campanella die Phantasien von naturwissenschaftlichen Laboratorien geworden sind. Was sich schon bei Campanella andeutete – er spricht immer wieder von uns unbekannten und noch nicht entdeckten Dingen – ist hier zur »science fiction« geworden. In Laboratorien wird der Kosmos erforscht, werden Entdeckungen gemacht, wie das Flugzeug und Unterseeboot, so daß wir an Leonardo oder an unsere Zeit denken. Wie sehr gerade die technische Prophezeiung aus einer künstlerischen Vorstellungskraft hervorgehen kann, das zeigt sich eben bei Leonardo. Seine »Forschung steht – und damit berühren wir sogleich die Quintessenz der Leonardoschen Wissenschaftslehre – ganz und ausschließlich im Bereich anschaulicher Vorstellungskraft. Es ist ja der gleiche Geist, der sich hier betätigt und der sich nur ein neues Ziel setzt. Indem der Künstler nunmehr bewußt als Wissenschaftler, als Diener der Erkenntnis wirkt und seine Kunst, als eine Form der Übermittlung dieser Kenntnis, also als ein Instrument der Lehre, begreift, muß sich der Aufgabenkreis eines künstlerischen Gestaltens ungemein erweitern. Alles was mit den Mitteln der Anschauung zu erforschen, zu erkennen und dann wiederum – als Erkanntes – darzustellen ist, bleibt in der Form, in der es dargestellt wird, ›Kunst‹. ›Kunst‹, solchermaßen verstanden, wird das gültige Instrument der Veranschaulichung und Unterweisung in jedem Bereich menschlicher Betätigung.«[38]

Der innige Zusammenhang von Erfindung und Unterweisung in der Hochrenaissance wird bestätigt durch Leonardos auch technische Prophe-

---

[35] Johann Amos Comenius, Orbis sensualium pictus, 1654, hg. 1658. Siehe dazu Heinisch, op. cit. 256. Zur Verbindung mit der Ars memorativa Volkmann, op. cit. 180.

[36] Giordano Bruno, De imaginum, signorum et idearum compositione, Frankfurt 1591.

[37] Francis Bacon, Nova Atlantis, London 1638. Ed. Heinisch 205 ff.

[38] L. H. Heydenreich, Leonardo, 1943, 205.

zeiungen. Das Flugzeug beispielsweise, bei ihm geplant nach Beobachtungen der Vögel, ist keine zunächst vom Zweck her sinnvolle Erfindung, sondern Modell, Abstraktion der mathematisch errechenbaren Funktionen des Vogelkörpers, es ist der Versuch, im Menschen die Natur zu zwingen. Es ist das Ergebnis kosmologischer Studien, in deren Mittelpunkt der Mensch als Herr der Schöpfung steht.[39]

Wie die, der Zeit vorauseilende, technische Vision aus der Kunst entspringen konnte, so konnte sich aus der Kunst, aus dem Bild, die Vision vom idealen Staat entwickeln, der nicht zuletzt deshalb gut war, weil in ihm die Natur beherrscht wird, wie sich bei Morus, Campanella und Bacon deutlich zeigt. Gerade in dieser Vision aber wurde aus der Architektur ein System von »Örtern«, »Fächern«, in denen sich die Wissenschaft in Bildern darstellte. Das Bild selbst aber wurde dabei zum mnemotechnischen Zeichen, zum hieroglyphischen Zeichen, zur wissenschaftlichen oder historischen Darstellung degradiert. Es wurde auch ersetzbar durch die Sache selbst. Sei es durch das Flugzeug der Vogel oder sei es das Bild von Mineralien durch die Mineralien selbst. Seit die Kunst vor allem die Welt darstellte, gab es viele Möglichkeiten, diese Kunst utopisch zu zerstören.

Entstand die Utopie nicht zuletzt im Bereich der bildenden Kunst als Erzählung vom Kunststaat, so unterliegt jetzt die Kunst in diesem Staat, nachdem er zu einem politischen und didaktischen Gebilde wurde, dem Zwang der Wissenschaft und des Didaktischen. Das Gesetz der utilitaristischen Mimesis zerstört hier die Kunst oder überführt sie in den verschiedensten Verwandlungen entweder in die technisch-naturwissenschaftliche Phantasie oder in die Totenstarre des Zeichens. Im utopischen Staat ist das Bild Parabel, Allegorie, Hieroglyphe, didaktische Anleitung, Demonstration. Die Stadt als Träger des Bildes ist geometrisches, abstraktes Schema, mehr »Ort« im Sinne der »ars memorativa« als wirkliche Stadt.

Von hier aus zeichnen sich auch zwei utopische Möglichkeiten der Kunst ab: Das Bild als didaktisches Vorbild. Und die ästhetische Geometrie als Lebensgrundlage. In unserer Zeit hat sich der Marxismus der ersten Möglichkeit erinnert; während aus der liberalen Auflösung (auch im Verhältnis von Kunst und Auftrag) der ästhetisch schematische Gedanke zum Kunstprinzip wurde. Aus dem Regelmäßigen, aus der Abstraktion der Regel wurde hier

---

39 Dazu Heydenreich 251 ff.

Kunst, wurde Proportionalität und Verhältnismäßigkeit Gegenstand der Kunst und nicht Mittel. In der Kunsttheorie von Piet Mondrian wird ein utopischer Staat entworfen: Alles Leben soll so von der Kunst geprägt sein, total ästhetisiert werden, bis die Kunst selbst überflüssig geworden ist. Die Extreme von Marxismus und Liberalismus berühren sich hier. Beidemale ist die Kunst (ohne wirklichen Auftrag) im Dienst des utopischen Gedankens zum Instrument degradiert, das nach »Gebrauch« überflüssig wird. Denn auch die didaktische, marxistische Kunst kann nach Erfüllung ihrer Aufgabe entbehrlich werden. Wenn das gelernt ist, was sie lehren kann, Wissenschaft wie Arbeitsethos.[40]

Wirkliche Kunst aber nützt sich nicht ab.

Wie die Kunst selbst sich des Utopischen erwehrte, das zeigt die Hochrenaissance, die gerade in der Regel ihre große Kraft gewann und gleichzeitig daraus ihre Kraft zur Gestaltung des Menschenbildes bezog, und das zeigt der Barock, der im didaktischen Engagement sich aus dem l'art pour l'art des Manierismus befreite und dabei doch seine Freiheit bewahrte, Freiheit in der Bindung.

Die Gefahr der didaktischen Verknöcherung und Aufhebung der Kunst ist schon bei Rabelais erkannt und entsprechend verspottet. In der Erzählung vom Tageslauf des jungen Gargantua und der Erziehung durch den Lehrer Ponokrates wird das utopische Leben parodiert. Nach allerhand Unterweisungen brachte man nach dem Essen Karten » — aber nicht zum Spielen, sondern um tausend neue Ergötzlichkeiten und Kunststücke zu erproben, die alle mit mathematischen Regeln zusammenhingen. Dadurch gewann er eine solche Neigung zur Zahlenwissenschaft, daß er jeden Tag nach dem Mittag- und Abendessen seine Zeit so heiter damit zubrachte, als er sie früher bei Würfel und Spiel liederlich vertrödelt hatte.«[41] Diese Anspielung bezieht sich auf die »ars memorativa«, die, seit Thomas Murner, auch aus dem Kartenspiel ein Lernen machen wollte[42].

Nun ist aber auch die ganze Erzählung des Rabelais aus jener Tradition des phantastischen Romans entstanden, aus der, nach einer Verbindung mit der

---

40 Der Verfasser bittet für diesen summarischen Vorgriff um Entschuldigung. Das ganze Problem soll Gegenstand einer weiteren Untersuchung sein, die an diese hier anschließen wird.

41 Cap. 23.

42 Siehe Volkmann 135 ff.

Kunsttheorie des Quattrocento die Utopie hervorging. Bezeichnend ist hier die Vorliebe für Lukian im utopischen Kreis. »It is well known that Renaissance artists heightened sensitivity to beauty in many forms, but the other side of this coin is an intensified awareness of the ugly, the grotesque, and the atrocious and antihuman (as may be seen in the contemporary paintings of Hieronymus Bosch). Where the painter used color and line, Erasmus used humanist eloquence to represent vividly the distorted, ugly, an evil appearance assumed by angry fighting men.«[43]

Ein Grundmerkmal der phantastischen Erzählung ist die Verkehrung. Daß diese seit dem 16. Jahrhundert so aktuell wurde, dafür dürfte zunächst ein Produktivwerden der Ironie verantwortlich sein[44], einer »Ironie, die die gewohnten Aspekte und Proportionen verwirrt, die das Wirkliche im Überwirklichen, das Weise im Närrischen, die Empörung in der behaglich-würzigen Lebensfreude erscheinen und im Spiel der Möglichkeiten die Möglichkeit der Freiheit aufleuchten läßt.«[45] Das zeigt sich vor allem an Rabelais. »Wenn man gar die groteske Unterwelt, die er im 30. Kapitel des zweiten Buches vorführt (in der die irdische Lage und Rolle der Personen auf den Kopf gestellt wird) mit Dantes Jenseits vergleicht, so sieht man, wie summarisch Rabelais mit der menschlichen Individualität verfährt; er findet Freude daran, sie umzustülpen. In der Tat führt die christliche Einheit des Weltbildes und die figurale Erhaltung des irdischen Wesens im göttlichen Urteil zu einer starken und unzerstörbaren Permanenz des Persönlichen, was sich am stärksten bei Dante, aber auch sonst erweisen läßt; und diese geriet zunächst in Gefahr, als die christliche Einheit und Unsterblichkeit nicht mehr das Bild vom Menschen beherrschte.« »Das ist eines der großen Themen der Renaissance und der beiden nächsten Jahrhunderte, eines der Hebelmotive für politische, religiöse, wirtschaftliche und philosophische Revolution. Immer wieder tritt es in Erscheinung; sei es, daß die Schriftsteller eine Handlung in jener noch neuen und halbunbekannten Welt spielen lassen, indem sie dort einen reineren und ursprünglicheren Zustand konstruieren als den europäischen, was ihnen eine wirksame und zugleich ein wenig reizvolle Kritik an den heimischen Zuständen ermöglicht, sei es, daß sie einen Bewohner jener fremden Länder in die europäische Welt einführen und ihre Kritik am Europäisch-Bestehen-

[43] R. P. Adams, The better Part of Valor, 1962, 30.
[44] E. Auerbach, Mimesis, 1946, 268.
[45] Ebenda 264.

den aus seinem naiven Erstaunen und überhaupt aus seinen Reaktionen auf das, was er hier zu sehen bekommt, hervorspringen lassen; in beiden Fällen hat das Motiv eine revolutionäre, das Bestehende auflockernde, es in einen weiteren Zusammenhang stellende und damit relativierende Kraft.«[46]

Ganz nahe liegen das Schlaraffenland, »Taprobane«[47], das Paradies und die Verkehrung alles Menschlichen beisammen. Bei John Mandeville gibt es eine Insel, wo die Mütter weinen, wenn Kinder geboren werden, und jauchzen, wenn sie sterben, »as thei seyn thanne gon to paradys, where the ryueres rennen mylk & hony.«[48] Cyrano de Bergerac wird später in den Sonnenstaaten von den Vögeln als schlechter Mensch verurteilt[49] und bei Swift sind die Pferde die besseren Menschen[50]. Bei Morus sind Gold und Schmuck das am wenigsten wertvolle. Bei Butler die Krankheit eine Schande und das Verbrechen eine Krankheit[51].

Kein Wunder, daß hier, im phantastischen utopischen Bereich, wo die Möglichkeit des Besseren im Andersartigen, Umgekehrten zu liegen schien, auch die Überlegung nach einer Verkehrung der Kunst erstand. Wo die Kunst bereits an ihrer ontologischen Grenze auftritt, ist auch dies nicht erstaunlich.

In der Einleitung zu seiner »Geschichtsklitterung«, einer freien Bearbeitung von Rabelais, spricht Fischart von »Malerträumen«, von »wundergestalte, Grillische, Grubengrotteschische, fantästische Krüg, läden, büchsen«[52]. Damit ist aus dem utopischen Bereich ein wichtiger Hinweis gegeben.

Als antike Quelle über eine »verkehrte Kunst«, über die Groteske, galt Vitruvs Kommentar: »Sed haec, quae ex veris rebus exempla sumebantur, nunc iniquis moribus improbantur. Nam pinguntur tectoriis monstra potius quam ex rebus finitis imagines certae: pro columnis enim struuntur calamistriati, pro fastigiis a pagineculi cum crispis foliis et volutis, item candelabra aedicularum sustinentia figuras, supra fastigia eorum surgentes ex radicibus cum volutis teneri plures habentes in se sine ratione sedentia sigilla, non

---

46 Ebenda 256.

47 Taprobane, die glückliche Insel, bei Mandeville wieder vorkommend, ist schon aus Vinzenz von Beauvais bekannt, Spec. hist. I, c, lxxlx.

48 Mandeville, op. cit., Ed. Hamelius, cap. 34. Siehe Kommentar Hamelius 144.

49 Cyrano de Bergerac, Histoire comique des états et empires du soleil, posthum 1662.

50 Jonathan Swift, Gulliver's Travels, 1726, 4. Teil, Reise in das Land der Houyhnhnms.

51 Samuel Butler, Erewhon, 1872.

52 Siehe dazu: W. Kayser, Das Groteske, 1957, 25. Die »Geschichtsklitterung«, zunächst »Geschichtsschrift« genannt, ist von 1575.

minus coliculi dimidiata habentes sigilla alia humanis, alia bestiarum capitibus. Haec autem nec sunt, nec fieri possunt nec fuerunt.«[53] Wertungsfrei gelesen, ergab das eine Theorie der grotesken Kunst, der Groteske. Im Vitruvkommentar des Barbaro heißt es: »Certo si come la fantasia nel sogno ci rappresenta confusamente le imagini delle cose, et speso pone insieme nature diverse: cosi potemo dire, che facciano le Grottesche, le quali senza dubbio potemo nominare sogni della pittura.«[54] Wir erinnern uns der Einleitung Lukians zu seinen »Wahren Geschichten«, wo von Dingen die Rede ist, »die nicht nur nicht sind, sondern auch nie sein werden, weil sie, mit einem Wort, gar nicht möglich sind.« Dieser Satz deckt sich fast wörtlich mit dem Vitruvs.

Die Entstehung der neuen Groteske in der Kunst der Renaissance als Geburt von Monstrositäten wurde von F. Piel genau analysiert[55]. »Der Gegenstand (in der Groteske) wird in dem Schein der Monstrosität seiner Identität enthoben, er bekommt die Struktur des Alogischen; ist selbst zwar einer bestimmten Logizität unterworfen, aber nicht mehr ontisch, sondern existentiell, bloß-existentiell begründet.«[56] »In dieser Weise: in bloßer Existenz, ohne Bezug auf Wesen, ist die Grotteske weltlos.«[57]

Hier ergibt sich eine Berührung mit dem Utopischen. Wie die Utopie weltlos ist im Sinne der Geschichtslosigkeit und eben des »Outopos«, ist die Groteske der Versuch, innerhalb der Kunst selbst zu träumen: Sich in der Kunst von der Kunst zu befreien, so wie die Utopie sich im Traum von einer anderen Welt von der Welt befreite. Historisch gesehen ist die Groteske ein antinomisches Prinzip, sich im Manierismus erfüllend. Von der Perspektive der Kunst gesehen, ist sie etwas ähnliches wie die sich aus der Architekturtheorie verselbständigende Erzählung der Hypnerotomachie: Geburt von Monstrositäten.

Da die Groteske in der Kunst in vielem eine Entsprechung zum Utopischen darstellt, könnte man glauben, sie sei die eigentliche Kunst für Utopia. Das ist sie aber nicht. Sie ist eine Entsprechung, mehr aber nicht. Wie die Groteske als Basis das Reale benötigt, so braucht die Utopie als Basis eine Kunst, die

---

53 Vitruv 7, 5.

54 Daniele Barbaro, I dieci libri dell'Architettura di M. Vitruvio tradotti & commentati da Mons. D. B., Venedig, 1567, 321.

55 F. Piel, Die Ornament-Grotteske in der italienischen Renaissance, 1962.

56 Ebenda 77.

57 Ebenda 76.

Wirklichkeiten wiedergibt. Die Gründe dafür haben wir gezeigt. Unreales im Unrealen ergäbe etwas Romantisches.

Utopie und Malertraum der Groteske sind parallele Phänomene. Beidemale sehen wir einen dialektischen Umschlag eines totalitären Anspruches der Kunst der Renaissance in Gegenkunst und Unkunst.

Ich war mitten im gelehrtesten und best ausgedachten Traum der Welt, als mein Philosoph mich aufwecken kam . . .

Cyrano de Bergerac, Reise zu den Sonnenreichen

X

KUNST UND UTOPIE

Mit der Formulierung vom »gelehrtesten und best ausgedachten Traum der Welt« des Cyrano de Bergerac ist die Utopie wahrscheinlich besser definiert als durch viele dicke Bücher. Die Definition wird aber durch den Zusammenhang der Erzählung noch vertieft. Cyrano trifft im Sonnenreich Campanella, der ihn, wie weiland Vergil Dante, durch dieses Reich führt. Und dabei den Cyrano in einem Traum unterbricht, den er dort hatte, um ihn weiterzuführen. Die Verschachtelung der diversen Fiktionsebenen ist kaum mehr zu übertreffen. Und im Überwuchern des Phantastischen, des Verschachtels in der Fiktion zeigt sich eine beherrschende Komponente des Utopischen: Die der reinen Freude an der Erfindung im Erzählen. Selbst vor der wirklichen und bald bevorstehenden Landung auf dem Mond wird damit das marxistische Prinzip Hoffnung sehr fragwürdig. Denn gerade in der Kunst, die Ernst Bloch als Dokument des Hoffnungsglaubens bemüht, in der gleichen Kunst, die von vielen Seiten her das Utopische ermöglichte, erstand auch die Möglichkeit einer Überwindung der schon von Vasari bei Filarete bemerkten Verrücktheiten.

Bei Rabelais und auch bei Cyrano zerfällt das utopische Gebäude wie ein Kartenhaus wieder in erzählende Kunst. Und so sehr auch die bildende Kunst die Entstehung der Utopie förderte, wie sehr auch diese Kunst utopische Züge annahm, so sehr wurde das Utopische eben im Kunstwerk dann doch immer wieder geradezu weggewischt.

»Alles an den Hoffnungsbildern Nicht-Illusionäre, Real-Mögliche geht zu Marx, arbeitet – wie immer jeweils variiert, situationsgemäß rationiert – in der sozialistischen Weltveränderung. Die Baukunst der Hoffnung wird dadurch wirklich eine an den Menschen, die sie bisher nur als Traum und hohen, auch allzu hohem Vorschein sahen, und eine an der neuen Erde. Die Träume vom besseren Leben, in ihnen war schon immer eine Glückswerdung erfragt, die erst der Marxismus eröffnen kann. Dies gibt auch pädagogisch-inhaltlich einen neuen Zugang zu schöpferischem Marxismus und von neuen Prämissen her, subjektiver und objektiver Art.«[1] In dieser Ansicht Blochs feiert das marxistische Mißverständnis, ein utopisches Mißverständnis, Urstände.

Ein Beispiel dafür ist das Wörtlichnehmen des Illusionismus in der Kunst. Wo Kunst nur als »Fenster« zur Hoffnung gesehen wird. »Der erste dieser Lustblicke nach oben gelang schon Mantegna in der Brautkammer des Kastells von Mantua, die letzten und merkwürdigsten finden sich in bayrisch-österreichischen Rokokokirchen, auch Schlössern, so im Weltenburger Deckengemälde des Cosmas Damian Asam. Dergleichen verkörpert, auf meisterhaft-unsolide Weise, wieder nichts Geringeres als das Wunschbild, in einem anderen als dem vorhandenen, ja in einem gewollt unmöglichen Raum zu leben.«[2]

Bloch spricht hier von »architektonischen Utopien« und begreift darunter so ziemlich alles, was seit der Renaissance bis zum Ende des Barock gebaut wurde. Es soll nun nicht bestritten werden, daß seit Mantegna (also seit Alberti) die bildliche und auch architektonische Kunst immer wieder imaginierte, und zwar Illusionen des Überirdischen. Wenn wir Bloch richtig verstehen, so ist diese Kunst zwar Ausdruck des menschlichen Hoffens, aber als nicht »real-möglich« kein Weg zur »sozialistischen Weltverbesserung«. Auch dies wird man zugeben.

Es ist sogar sehr gut zu verfolgen, wie seit dem 15. Jahrhundert die Kunst mehr und mehr illusionär wurde. Schon gleichzeitig zu Alberti hatte Mantegna in der Camera degli Sposi in Mantua eine illusionistische Decke gemalt. Sie ist ein realistisches Täuschungsmanöver unter dem Einfluß der Allegorik. Von Correggio über Cortona bis Pozzo und den Freskanten im süddeutschen Bereich wurden fortschreitend Architektur und Malerei zur Illusion einer scholastischen Ikonologie und eines orbis sensualium pictus. Gleichzeitig wurde aus der Ikonologie der Renaissance, aus den verbindlichen göttlichen Zeichen, eine Himmelsillusion. Im alludierenden Mythos, in der Apotheose

---

[1] E. Bloch, op, cit. I., 16.
[2] Ebenda, II, 825 f.

und im Descensus öffnete sich der Himmel über der Architektur. Damit ist unser Blick nicht mehr, wie bei Alberti gefordert, auf eine Kunst als staatsbildend gerichtet, sondern auf eben den Himmel, der von der Kunst gezwungen wird.

Und wer an diesen Himmel glaubt, der wird, anders als Bloch, hier mehr als eine »Illusion« oder eben Utopie sehen. Die Kunst des Barock illusionierte den utopischen Gedanken. Das heißt: Dieser wurde jetzt, in umgekehrter Bewegung, zum Gegenstand der Kunst gemacht, einer Kunst, deren Ziel es nicht mehr war, ein Kunstreich auf Erden zu verwirklichen, sondern in der Kunst einen Verweis auf den Himmel oder auf das Gottesgnadentum des Herrschers zu geben. Eine Rückkehr zu mittelalterlichen Absichten ist evident. Was den Barock allerdings vom Mittelalter unterscheidet, ist die Vorstellung von der Möglichkeit des Transzendierens in der Illusion der Kunst. Die barocke Kunst ist kein Gleichnis, sondern alludierende Illusion. Die Illusion als solche, sei es in der Scala regia des Vatikan, im Schloßbau von Versailles oder im Fresko der Wiener Hofbibliothek, ist theatralisch. Es wird hier eine eigene Kunstwelt erstellt. Das ist ein grundlegender Unterschied zur Renaissance, die (wie Alberti) daran glaubte, durch die Kunst die Welt zu gestalten. Im Barock wird eine Kunstwelt gestaltet. Damit erhält die Frage nach dem Utopischen in der barocken Kunst eine völlig andere Richtung.

Der Marxismus kann, seiner Konstruktion nach, keine Erfüllung der menschlichen Hoffnung im Kunstwerk selbst zugeben und wird eine solche Vorstellung als ästhetisierend zurückweisen. Hierin zeigt das platonische Kunstschema, in den Utopien immer wieder variiert, seine ganze Kraft. Störend mag hier empfunden werden, daß, wie wir zeigten, die Utopie als Literaturgattung nicht zuletzt aus der bildenden Kunst entstand. Störend mag auch sein, daß die Utopie selbst, wie wir zu zeigen versuchten, viel mehr ein rhetorisches Kunstgebilde ist als allgemein und in der sozialpolitischen Literatur angenommen. Denn damit ist aus dem geglaubten »Real-Möglichen«, zumindest historisch gesehen, vielfach Illusion im Kunstgebilde geworden.

Während – als utopische Erbschaft – die Gegenwart entweder nur marxistisch an die didaktische oder liberal an die ästhetische Macht des Bildes glaubt, beweist die Kunstgeschichte, daß dieses Bild, daß die Kunst noch andere Möglichkeiten hat. So regenerierte sich die im Manierismus in einen formalistischen circulus vitiosus geratene Kunst nicht zuletzt am Utopischen selbst. Im »orbis sensualium pictus« des Sonnenstaates von Campanella, in dem die Kunst degradiert ist zu einem didaktischen Instrument, lag die Möglichkeit der Darstellung des orbis pictus als theatralische Vorstellung von der göttlichen Schöpfung. Campanellas Denken ist prophetisch. Aber die Weissagung, die ihn wirklich berühmt machte, ist die von der Geburt des französischen Thronfolgers. Dieser gleiche Thronfolger und spätere Ludwig XIV. hat in Versailles einen Sonnenstaat errichtet – aber anders als Campanella ihn beschrieb. Es ist ein Schloß, das eine einzige Illusion auf die absolutistischen Gaben des Herrschers ist, und keine ideale Republik. Der Sonnenstaat ist hier zeremonieller Ort. Ludwig XIV. setzt sich in ihm der Sonne gleich. Bei Campanella ist diese gleiche Sonne Symbol Gottes. Damit ist hier die Utopie völlig invertiert, wieder zu Kunst geworden. Gerade im theatralischen und illusionistischen Kunstwerk des Barock ersteht ein ideales Abbild der Welt – aber eben nur ein Abbild in der Kunst, der gleichen Kunst, die in der echten Utopie der Renaissance keinen Erkenntniswert besitzt. Obwohl diese Kunst auch eminent didaktisch ist, stellt sie den Kosmos dar als sinnbildlichen Schauplatz und wird auch der Himmel zu einem »theatrum ceremoniale«.

Kunst ist hier eine Vorstellung vom Hereinreichen des Überirdischen in unsere Welt. Nicht zuletzt wohl als Ergebnis der utopischen Ansicht, daß man die Kinder in Bildern auch vom Kosmos unterrichten könne.

Damit ist ein Engagement der Kunst festgestellt. Sie dient der Sichtbarmachung eines Unsichtbaren. Aber sie ist hier viel weniger Prinzip der Hoffnung, als allgemein angenommen. Sie ist Kunst, die sich in eigenen Gesetzen erfüllt. Rahmen dieser Kunst ist, wie H. Kuhn feststellte, das Fest, die Festlichkeit. »In seiner Herausgenommenheit aus dem Dasein ist das Fest frei vom Lebenszwang. Es kreist in sich selbst. Es ist Spiel. Für die Dauer dieses Spiels vergessen die Spieler sich selbst. Sie sind wie verzaubert, als Mitspieler in das Spiel entrückt, auch dann, wenn sich ihr Mit-tun auf Zuschauen beschränkt. Dies Zuschauen ist für Zeiten, in denen das Fest blüht, der Inbegriff irdischer Seligkeit.«[3] »Die uns durch die moderne Entwicklung aufgedrängte Unterscheidung zwischen darstellender und nachahmender Kunst auf der einen, ›abstrakter‹ Kunst auf der anderen Seite droht, uns in einen längst überwundenen Begriff der ›Nachahmung‹ – eine unglückliche Wiedergabe von Mimesis – zurückzustürzen. Mimesis, wie sie aus dem Fest entspringt,

[3] H. Kuhn, Die Ontogenese der Kunst, Festschrift für Hans Sedlmayr, 1962, 46.

ist nicht Abklatsch, sondern ekstatische Re-aktualisierung des Wesens der Dinge.«[4]

In dieser Festlichkeit, festlichen Aura, gewinnt das Kunstwerk seine eigentliche Selbständigkeit, wird es als Mimesis nicht zur Darstellung degradiert, sondern nicht zuletzt Gegenstand seiner selbst. »In der festlichen Ekstase wird die Gemeinschaft eins mit sich wie sonst nie, aber nicht nur mit sich sondern mit Erde und Himmel, Menschen und Gott.«[5] Das gleiche kann man vom Kunstwerk sagen. Es ist ein »Fenster« zur Hoffnung. Aber es ist noch viel mehr, es ist auch die Erfüllung der Hoffnung selbst im Festlichen.

Bezeichnenderweise gibt es im Kalender Utopias zwar Feste, aber keine Festlichkeit. »Ihre Festlichkeiten sind großartig«, sagt Campanella von den Bewohnern des Sonnenstaates. »Wenn die Sonne die vier Wendepunkte des Himmels erreicht, das heißt den Krebs, die Waage, den Steinbock und den Widder, veranstalten sie schöne und gelehrte, gewissermaßen szenische Vorstellungen. Auch Neumond und Vollmond sind jeweils Festtage, ebenso der Gründungstag der Stadt, bestimmte Siegesgedenktage usw. Dann ertönt Musik und Gesang von Frauen, dann hört man Pauken, Trompeten und Böller. Die Dichter singen das Lob der großen Feldherren und ihrer Siege. Wer jedoch, selbst zum Lobe eines Helden, lügt, wird bestraft. Der kann das Amt eines Dichters nicht versehen, der lügenhaft erfindet. Denn sie glauben, daß diese Art von Freiheit der Menschheit zum Verderben gereiche, deswegen sie den wahren Verdiensten das Lob entzieht und es anderen, oft lasterhaften Menschen zuerkennt, sei es aus Furcht oder Liebedienerei, sei es aus Ehrgeiz oder Habsucht.«[6]

Hält man diese Äußerung eines utopischen Verismus gegen den in der Kunst realisierten Sonnenstaat Ludwig XIV., so wird die Diskrepanz zwischen Utopie und Kunst deutlich. Das Kunstwerk lügt eben, weil es Mimesis in einem anderen als im didaktischen Sinne ist. Gerade in der »Lüge« aber wird die Kunst zu mehr als einem illusionären Fenster. Sie wird hier autonom und gleichzeitig zu einer festlichen Erhöhung des Lebens, diesem Leben tiefer verpflichtet als aller Fortschrittsglaube.

Daß aus der Kunst sich dialektisch die Utopie und in dieser sich die Feindschaft gegenüber der künstlerischen Lüge entwickeln konnte, daß aus der

---

[4] Ebenda 46 f.
[5] Ebenda 49.
[6] Ed. Heinisch 155.

Utopie wieder, aus dem didaktischen und mnemotechnischen orbis pictus ein wirklicher orbis pictus des Barock entstand, unter Einbeziehung des Himmels als wirklichem Himmel, spricht allein schon gegen die marxistische Theorie, die auch in der »falsch gerichteten Kunst« nach einer Bestätigung der These vom »Real-Möglichen« als Hoffnung auch in der Kunst sucht.

Erst als, mit der Aufklärung, sich ein eigenes Reich der Kunst konstituierte, ein Ästhetikum, wurde die Ästhetik zu einem utopischen Surrogat. Erst als die Kunstgesetzlichkeit in der Kunst und nicht mehr außerhalb gesucht wurde, wie es sich schon einmal, in der Renaissance als quasi-utopische Möglichkeit anbahnte, wurde aus dem Streit um Wahrheit oder Lüge im Kunstwerk eine formalistische Querrelle. Das ist die andere Seite des utopischen Erbes: Der Streit um die bloße Form, wie er heute im demokratischen und antimarxistischen Lager die Kunsttheorie beherrscht. Es ist im Grunde die Auseinandersetzung darüber, was besser sei, ein Quadrat oder ein Achteck – im Grundriß der Stadt wie im Bild.

In der Konsequenz gleicht diese Anschauung sehr der marxistischen. Wo die marxistische Theorie den transzendentalen Charakter der Kunst in einer Überschätzung des Didaktischen verkennt, verkennt der liberale Ästhetizismus denselben in einer Überschätzung der Autonomie der Kunst.

Kunst ist, wie ihre Auseinandersetzung mit dem Utopischen zeigt, autonom. Aber in einem anderen Sinne als vielfach angenommen. Sie kann eine Welt entwerfen und damit dem Utopischen verfallen. Sie kann aber auch das Utopische in Kunst bannen. So, wie die utopische Erzählung selbst mehr Kunst ist als ihre Ausleger annehmen.

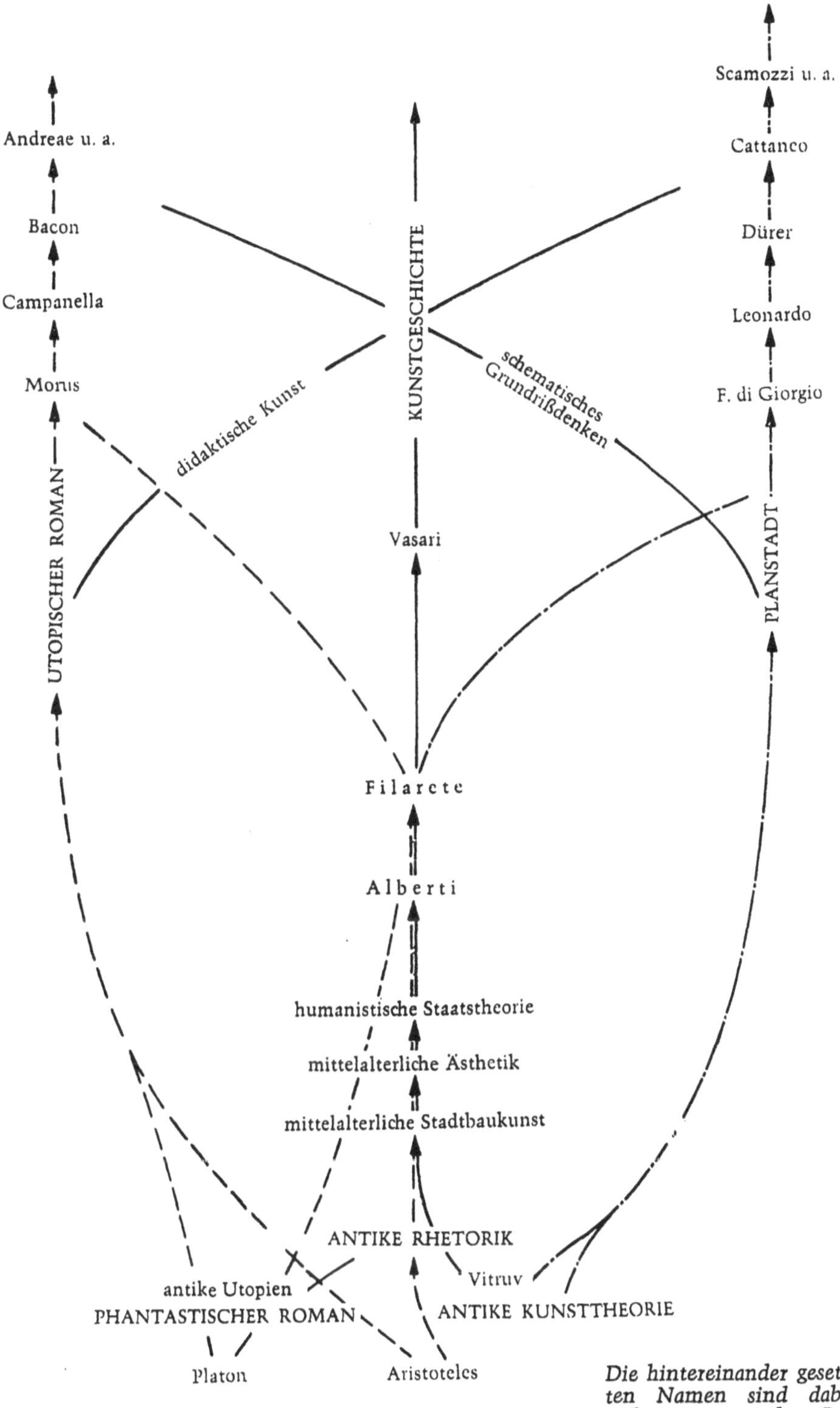

—·——·— = Entwicklung der »Idealstadtplanung«

— — — = Entwicklung der utopischen Literatur

Die hintereinander gesetzten Namen sind dabei nicht in genetischer Reihenfolge, sondern in komplexer Entwicklung zu sehen.

VERZEICHNIS DER NAMEN

BILDTAFELN

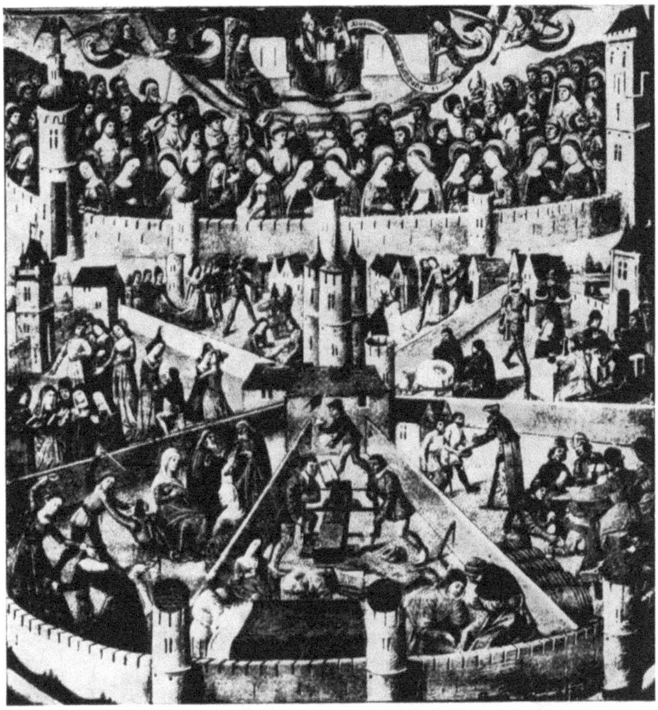

1. Irdische Stadt mit Tugenden und Lastern. Darüber das Himmlische Jerusalem. Aus Augustinus, Civitas Dei. Ms Paris, Bibl. Ste Geneviève, fr. 246, fol. 3 vo.

2. Ansicht von Siena, Ambrogio Lorenzetti, Palazzo Pubblico in Siena

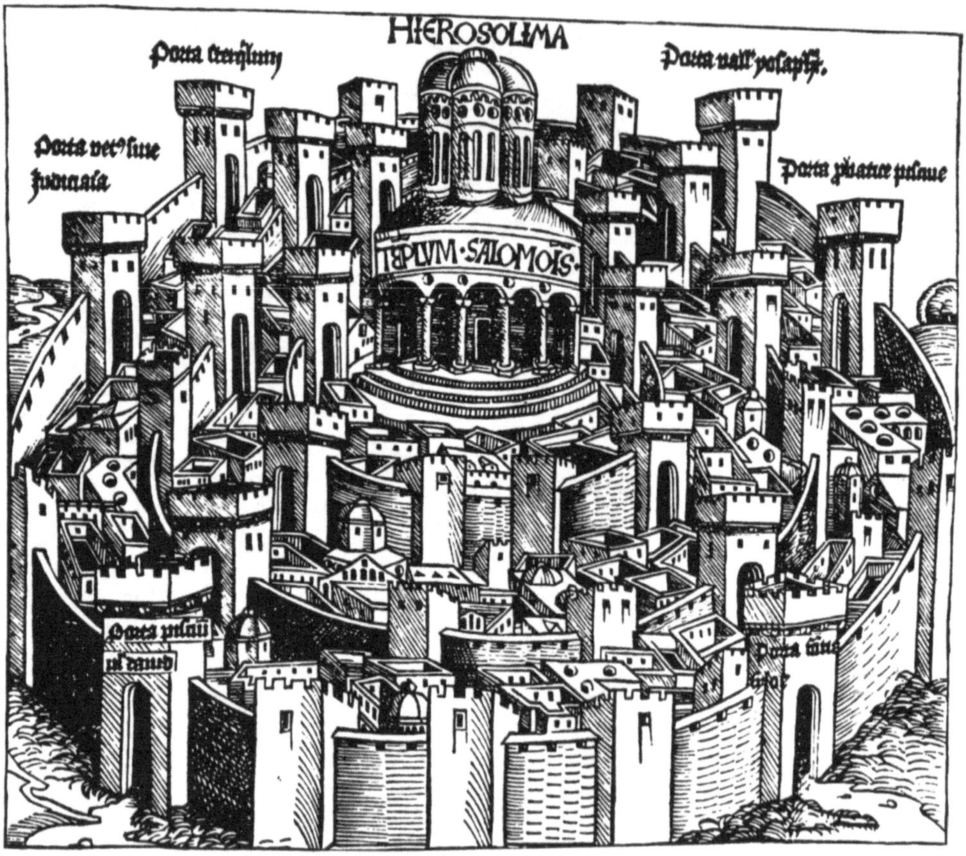

3. Idealisierte Ansicht Jerusalems, aus Hartmann Schedels Weltchronik, Nürnberg 1493

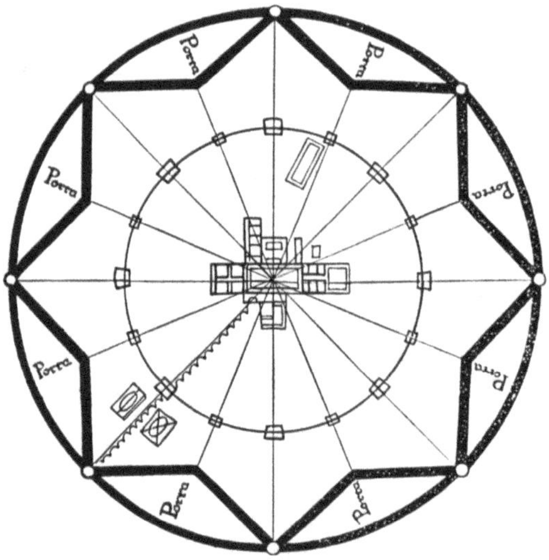

4. Sforzinda, Antonio Filarete, Codex Magliabecchianus

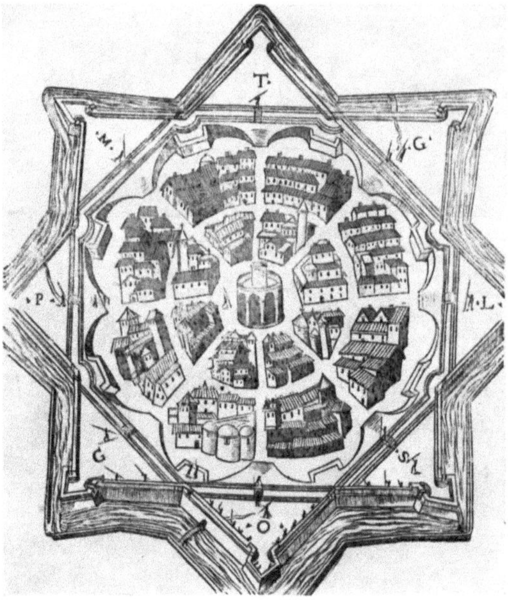

5. Befestigte Planstadt, Girolamo Maggi, Della Forticatione delle Città, Venedig 1564, fol. 49 vo.

6.
Hl. Grab in S. Pancrazio
von L.-B. Alberti

7. Gedächtnisbilder, Jacobus Publicius, Oratoriae artis epiton mata, Venedig 1482

Tafel IV

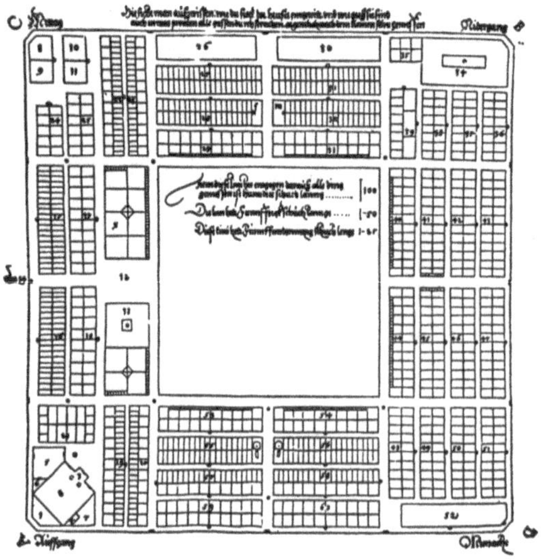

10. Tenochtitlan, Plan Cortés zugeschrieben, Briefe, Nürnberg 1524

FSC
www.fsc.org
MIX
Papier | Fördert gute Waldnutzung
FSC® C083411

Kolibri 360 GmbH
Ferdinand-Jühlke-Straße 7
99095 Erfurt, Deutschland
produktsicherheit@kolibri360.de